BIM
基础与建模

主编 杨润丰

参编 汪 全 孙 强 刘 波

徐蓝波 利可洋

中国轻工业出版社

图书在版编目（CIP）数据

BIM 基础与建模 / 杨润丰主编. —北京：中国轻工业
出版社，2024.1

ISBN 978-7-5184-4556-1

Ⅰ.①B… Ⅱ.①杨… Ⅲ.①建筑设计—计算机辅助
设计—应用软件 Ⅳ.①TU201.4

中国国家版本馆 CIP 数据核字（2023）第 176037 号

责任编辑：陈　萍　　责任终审：李建华
文字编辑：赵雅慧　　责任校对：晋　洁　　封面设计：锋尚设计
策划编辑：陈　萍　　版式设计：霸　州　　责任监印：张　可

出版发行：中国轻工业出版社（北京鲁谷东街 5 号，邮编：100040）
印　　刷：三河市万龙印装有限公司
经　　销：各地新华书店
版　　次：2024 年 1 月第 1 版第 1 次印刷
开　　本：787×1092　1/16　印张：12.75
字　　数：300 千字
书　　号：ISBN 978-7-5184-4556-1　定价：59.00 元
邮购电话：010-85119873
发行电话：010-85119832　010-85119912
网　　址：http://www.chlip.com.cn
Email：club@ chlip.com.cn
如发现图书残缺请与我社邮购联系调换
220997J2X101ZBW

前　言

建筑信息模型（Building Information Modeling，BIM）技术作为当今信息时代背景下建筑行业的"第二次革命"，其重要性及应用价值已在世界范围内得到普遍认可。我国 BIM 应用已覆盖工程建设项目的技术、商务、生产等方面业务，其在现场可视化技术交底、质量管理、安全管理等方面的应用比例正逐步提升。政府部门、行业管理部门、企业、院校等均对 BIM 专业人才的培养予以高度重视，通过开设 BIM 相关专业课程、制定相应课程系统性的培养机制，为行业培养专业人才，并逐步完善 BIM 专业人才培养与考核体系。

自教育部推出职业教育改革"学历证书+若干职业技能等级证书"（简称"1+X"）制度试点以来，BIM 职业技能等级证书成为首批"1+X"制度试点证书。与此同时，教育部推动中国特色高水平高职学校和专业建设计划（简称"双高计划"）项目建设。通过专业资源整合和结构优化，发挥专业群的集聚响应和服务功能，打造与产业高度匹配的高水平专业群。为了适应建筑产业需求，实现专业群与产业链、技术链、岗位群需求的对接，围绕核心岗位的工作领域构建专业群平台课程，我们把专业群课程内容与职业技能标准对接，将职业技能等级证书的内容融入人才群培养全过程。本书针对建筑专业群基础共享的平台课程而开发，采用课证融合的方式，强化建筑专业群通用的 BIM 共性基础知识和技能，为学生在城乡规划与建筑设计、结构工程、建筑设备、建设工程管理、市政道路桥梁建设等 BIM 技术方向的发展打下良好的基础。

本书以一个完整的工程项目为案例，以任务驱动的方式进行编写。教学项目从简单到复杂，从单一到综合，按照 BIM 职业技能标准要求设置知识点和技能点，并在教学项目内容中穿插注意点和提示点，让学生有效掌握 BIM 基础知识以及建筑建模方法和技术规范。在每个教学项目的课外拓展任务中，参照 BIM 职业技能等级的考核要求设置理论和实操拓展练习。在实操拓展练习中，以东莞职业技术学院校园建筑体为原型，在所提供的建筑 CAD 图纸的基础上，进行"还原东职院"BIM 建模实操，通过每次课程任务见证"还原东职院"的"建设成果"。本书能够让学生学习从碎片化到系统化进行同步技能实操，并在项目任务中反复练习以提升实践技能。在形式上，从课内教学要求延伸至课外需要，增设趣味性学习任务，使得课前、课中、课后保持交互性，使学生对学习任务充满热情并保持学习兴趣。

全书分为 BIM 基础、模型创建、拓展应用三大模块，包括八个教学项目，每个教学项目划分为若干个教学任务。本书内容可安排 48 学时，以"4 节连堂"为教学单元开展理实一体的项目化教学，推荐学时分配如下：

推荐学时分配表

序号	内容		建议学时
1	模块一	一、BIM 概述	4 学时
2		二、Autodesk Revit 简介	
3	模块二	项目一 标高、轴网	
4		项目二 结构布置	4 学时
5		项目三 墙体	4 学时
6		项目四 楼地层	4 学时
7	模块二	项目五 门、窗与幕墙	4 学时
8		项目六 扶栏、楼梯及坡道	4 学时
9		项目七 场地与建筑构件	4 学时
10		项目八 成果输出	4 学时
11	模块三	一、体量建模	16 学时
12		二、Lumion 漫游制作	（课内外结合）
13		三、Navisworks 施工模拟	
14	拓展	"还原校园建筑体" BIM 建模	
合计			48 学时

本书由东莞职业技术学院杨润丰主编，由东莞职业技术学院汪全、孙强、刘波、徐蓝波以及东莞理工建筑设计研究院有限公司利可洋参编。由于编者水平有限，书中难免存在疏漏之处，敬请广大读者批评指正。

杨润丰

2023 年 7 月

本书课程思政元素

本书旨在实现思政目标与专业课程的融合，利用教学项目和教学方式中蕴含的课程思想教育资源，将思政元素融入教学流程和教学内容中，并在每个教学活动中引导学生进行思考和讨论。通过将正确的世界观、人生观、价值观融入知识传授和能力培养之中，推动学生掌握科学伦理、工程伦理，激发学生学习的内动力，提高学生发现和解决问题的能力，强化对学生的思维方法训练，提升学生空间想象和分析能力，培养学生精益求精的大国工匠精神，激发学生科技报国的家国情怀和使命担当，为其日后的学习和工作奠定良好的基础。

课程思政元素与教学内容的融合

教学项目	教学内容	思考问题	课程思政元素
项目一	认识 BIM 技术，学习标高、轴网的创建。通过国内基于 BIM 技术应用的工程项目，了解 BIM 在我国的发展应用现状	从所了解的国内 BIM 技术应用项目中谈谈个人感受	爱国精神 职业规划 立志成才
项目二	学习结构柱、梁、基础等结构构件的布置方法和步骤，完成结构建模	结构是建筑体的"骨骼"，能够承受正常施工、正常使用时出现的各种荷载作用。谈谈每个人所认识的结构类型、结构构件及其作用	质量意识 本固枝荣 砥砺前行
项目三	学习墙体 BIM 建模方法，熟悉典型墙体的构造、材质的选择和使用	对于现代建筑还需要满足绿色节能的要求，结合绿色建筑，谈谈建筑材料在绿色、节能、环保方面如何发挥作用	节能意识 环保意识 "双碳"理念
项目四	学习楼地层 BIM 建模方法，根据建模流程和绘制规则完成模型创建	在模型创建时，需要查看设计说明并确认相关信息，根据绘制规则完成模型创建。谈谈楼地层的位置、边界以及部分细部构造等信息对建模过程的重要性	严谨态度 遵守规范 实事求是
项目五	学习门、窗与幕墙 BIM 建模方法。认识典型门、窗类型及安装要求，按规范完成幕墙模型的创建	在创建幕墙模型时，规范细节尤其重要，每一步骤都须细致规范。谈谈对本项目幕墙的"精雕细琢"有何感受	职业精神 工匠精神 精益求精
项目六	在了解扶栏、楼梯及坡道设计规则和科学计算方法的基础上，学习扶栏、楼梯及坡道 BIM 建模	掌握扶栏、楼梯及坡道设计规则和科学计算方法后，对创建和修改扶栏、楼梯及坡道模型便得心应手。谈谈若不遵从相关规则，如何保证工程质量	工程素养 一丝不苟 专业水准

教学项目	教学内容	思考问题	课程思政元素
项目七	学习场地与建筑构件 BIM 建模。完成建筑物、活动广场、道路交通、停车场所、绿化景观、综合管线等各方面内容的布置和设计	场地设计以基地现状条件和相关法规、规范为依据，对建筑外部空间进行合理组织和创新设计。谈谈如何对本项目的场地进行创新设计并提高场地的模型创建效率	创新意识 不断进取 勤学苦练
项目八	学习 BIM 成果输出。包括 BIM 单体和整体模型、标注、标记、渲染、明细表、二维图、漫游视频、数据转换等	通过 BIM 成果输出，让项目在实施过程中更准确、更高效，质量更好。谈谈在项目中团队各成员如何在各项成果输出任务中进行合作	责任意识 团队协作 标准意识
拓展应用	学习体量建模方法，以多变的建模和编辑手段快速表达复杂形体模型的要求	体量模型可以作为项目设计布局阶段的起点，使用立面、剖面和二维或 3D 详细文档将建筑元素分配给每个设想的表面。尝试对比体量建模与族建模的异同，包括用途、用法和概念等方面	解放思想 务实求真 职业道德
	学习使用 Lumion 工具制作漫游视频和使用 Navisworks 工具实现施工模拟	Lumion、Navisworks 工具的实时 3D 可视化功能可传递工程现场演示。尝试创建属于自己的虚拟现实作品	积极探索 敢于创造 锐意进取

东莞职业技术学院图书馆

东莞职业技术学院人文艺术学院

东莞职业技术学院实训中心

东莞职业技术学院实验楼

目 录

模块一

BIM基础

BIM 概述

　　建筑业是资源消耗型和劳动密集型产业，而我国目前的建设手段与管理水平仍有待提高。在加快推动智能建造与建筑工业化协同发展的大背景下，全面向数字化转型已成为建筑业企业的核心战略，数字化将会深远地改变建筑业这个传统产业。以往用于造飞机、造汽车等的三维数字技术走进了建筑行业，使建筑科技有了飞跃的发展，这就是建筑信息模型（Building Information Modeling，简称 BIM）。BIM 技术是建筑行业的"第二次革命"，被誉为 21 世纪建筑业生产力革命性技术和创新发展的关键技术。它是对工程项目设施实体与功能特性的数字化表达，运用先进的数字技术对建筑进行规划、设计、施工、运维等全生命周期管理，大大减少了错、漏、碰、缺造成的浪费，如图 1-1-1 所示。

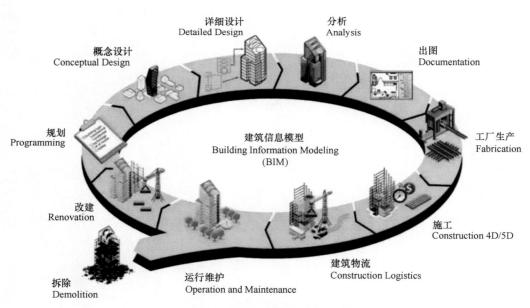

图 1-1-1　基于 BIM 的建筑全生命周期管理

　　BIM 将各种相关工程信息始终整合在一个三维模型信息数据库中，以三维数字技术仿真模拟建筑物所具有的真实信息。这些工程信息能够应用在工程项目的规划、设计、施工、运维等建筑全生命周期管理过程中，极大提高了建筑行业的信息化水平。BIM 技术不仅能够描述建筑物构件的几何信息、专业属性及状态信息，还包含了非构件对象（如空间、运动行为）的状态信息。通过 BIM 的建筑成本计算，所有的材料用量都能够快速统计出来，费用审批流程能够做到可跟踪、可追溯，并且决策都在数字平台上运行。相对而言，BIM 技术更大的应用价值是在建成后数十年的运维过程，即 BIM 系统在运维阶段为工程建成后的使用、管理、维护、更新提供精准的数据支撑。BIM 是推进智慧城市建设的关键性技术，是智慧城市的大数据基础。基于 BIM 技术，每个真实建筑都会在数字化的虚拟平台上同步运行管理，每个建筑的建设都将会更加精细化和透明化。

（一）BIM 特点

BIM 具有可视化、一体化、参数化、模拟性、协调性、优化性、可出图性、信息完备性八大特点。它能够让设计工作更高效，如果更改了一个构件，BIM 软件会根据变化对被修改构件的所有视图、报表、图纸同步进行更新。设计团队、施工单位、设施运营部门和业主等各方人员可以基于 BIM 进行协同工作，能够有效提高工作效率、节省资源、降低成本，从而实现可持续发展。

1. 可视化

通过 BIM 工具的真实渲染、漫游等各种可视化功能展示三维模型，实现设计可视化；通过模型的虚拟施工功能，使施工组织可视化，并可将钢筋节点、管线节点、幕墙节点等复杂构造节点可视化；对建筑设备进行可视化操作，能检验建筑设备空间的合理性；对机电管线进行可视化碰撞检测，以三维方式观察机电管线与建筑物的碰撞点并实施调整。

2. 一体化

BIM 技术贯穿了工程项目的规划、设计、施工、运维等建筑全生命周期的一体化管理过程。在这个过程中，建筑、结构、机电等各个专业基于同一个整体模型进行工作，能够同步提供有关质量、进度、成本等信息，为建筑项目规划、设计、施工、运维、管理、销售等提供了极大的便利。

3. 参数化

BIM 采用参数化设计方式，使用柱、梁及墙等构件进行模型建立。所有构件均为相互关联的对象，如果管道组件被调整了，整个管道系统也会被更改。计算机在不同参数状况下（地理、环境、时间、建筑构件、设备、材料、人员等）模拟出建筑物可能的行为与反应模式，并能够自动维持信息的一致性与合理性。

4. 模拟性

BIM 根据建筑信息（几何信息、材料性能、构件属性等）进行能耗分析、光照分析、设备分析、绿色分析等模拟分析，能对施工的进度、方案、工程量计算、过程干扰或工艺冲突进行模拟，还能对设备的运行监控、能源运行管理、建筑空间管理等的运维进行模拟仿真。

5. 协调性

BIM 模型集合了各个专业的数据，实现了数据共享，避免了不同专业之间的错、漏、碰、缺。通过生成的协调数据，保持模型的统一性。协调性主要体现在设计协调、进度规划协调、成本预算和工程量估算协调、运维协调等方面。通过协同平台进行的施工模拟及演示，可以对项目施工作业的工序、工法等做出统一安排，制定流水线式的工作方法，提高工作效率。

6. 优化性

BIM 通过其准确的信息在整个规划、设计、施工、运维的过程中对项目进行合理优化，把项目设计和投资回报分析相结合，将设计变化与投资回报的影响相关联，从而有效地把控项目成本和工作量。例如，BIM 提供碰撞检测、净高分析、管线避让、开洞套管等深化功能，能够提高机电深化的工作质量和效率。

7. 可出图性

基于 BIM 应用软件，可实现工程设计阶段或施工阶段所需图纸的输出，具体包括建筑平面、立面、剖面及详图，碰撞报告，构件加工指导。在碰撞报告中，可以出具综合管线图、综合结构留洞图、碰撞检测报告和建议改进方案。在构件加工指导中，可以出具构件加工图、构件生产指导、预制构件的数字化制造方案。

8. 信息完备性

建筑项目完整的工程信息均在模型中体现，包括建筑工程的完整设计信息（对象名称、结构类型、建筑材料、工程性能等）、施工信息（施工工序，进度，成本，质量以及人力、机械、材料资源等）、对象之间的工程逻辑关系、维护信息（工程安全性能、材料耐久性能等）。

（二）BIM 技术应用与发展

BIM 技术起源于美国，后来逐渐扩展到欧洲、亚洲等的发达国家和地区。目前，BIM 应用水平已达到一定高度。BIM 技术在美国的应用中，3D 协调应用点的使用率较高。英国是目前全球 BIM 应用增长较快、成效较为显著的国家之一，也是全球 BIM 标准体系较为健全且实施推广力度较大的国家。北欧是全球较先采用基于 BIM 模型进行建筑设计的地区之一，基本实现了规划、设计、制造、施工等过程中的信息共享与传递。韩国在 2010 年 12 月发布了《设施管理 BIM 应用指南》，并在 2016 年实现全部公共工程应用 BIM 技术。

我国 BIM 技术起步较晚，经过十余年的发展，BIM 技术与工程建设不断融合，已经在建设项目全生命周期中广泛开展三维建模、性能分析、方案模拟、项目管理、工程量计算、协同平台等应用。其中，规划阶段包括规划报建应用；设计阶段包括各专业模型构建、碰撞检测、管线综合以及净高分析应用；施工阶段包括施工方案模拟、施工深化设计、进度可视化管理以及竣工模型构建应用；运维阶段包括运维模型构建、运维管理系统搭建、设施设备管理以及能耗管理应用。近年来，BIM 技术应用规划、标准指南、推广组织等 BIM 技术应用环境日趋完善，多地已经出台了相应的 BIM 试点、设计验收标准等相关政策，大力推动 BIM 正向设计，开发和利用 BIM、大数据、物联网等现代信息技术及资源，进一步推广工程建设数字化成果交付与应用。国内企业积极探索 BIM 技术的应用，期望以 BIM 为核心的最新信息技术能够成为企业技术升级、生产方式变革、管理模式革新的核心技术，最终实现从"粗放式管理"到"精细化管理"、从"传统建筑业"到"信息化制造"的转型升级。

目前，我国已成为世界第二大经济体，数字产业支撑着大而复杂的建筑系统，逐渐走向"数字建筑、数字营造"新时代。BIM 技术在大型复杂项目中体现了其优势，在解决复杂技术难题、各阶段资源投入、施工组织、多专业协同、各参建方协同等方面优势尤为明显。例如，北京大兴机场项目建设全过程应用了 BIM 技术，通过其出色的整合能力和数据信息处理能力，完成了世界上施工技术难度较高的机场。此外，东莞职业技术学院人文艺术学院大楼项目建设也通过 BIM 技术实现了数字化建造和绿色施工，如图 1-1-2 所示，此项目在施工生产及管理实施过程中实现了 BIM 应用价值最大化，在优化设计方案、节约材料、减少返工、提高施工准确度等方面效益明显。

图 1-1-2　基于 BIM 数字化建造的东莞职业技术学院人文艺术学院大楼

(三) BIM 系统平台

BIM 技术的应用贯穿于整个建筑生命周期，在规划、设计、施工、运维等阶段有多种软件系统平台支持。在选择 BIM 应用软件时，应根据 BIM 总体规划综合考虑各方面因素、项目情况以及项目特点，以实现其应用目标。按照工程类型的不同应用范围，对目前主流的 BIM 软件进行了统计和分类，详见表 1-1-1。

用途	名称		
建模	民用建筑	基础设施	钢结构
	Autodesk Revit ArchiCAD AECOsim …	Catia Civil 3D Infrastructure PowerCivil OpenRoads …	Tekla ProStructures …
	幕墙	机电	装配式
	Catia Rhino+GH …	MagiCAD Rebro …	Planbar PKPM-PC …
协同	BIMRUN 广联达协筑云平台 Navisworks 鲁班 BE ProjectWise Solibri …		
分析	Autodesk CFD Green Building Studio Ecotect PKPM Energy Plus …		
工艺模拟	Navisworks Synchro …		
管理平台	Autodesk BIM 360 Luban iWorks 广联达 BIM 5D …		
可视化	3ds Max Twinmotion LumenRT Lumion …		
工程量计算	广联达 BIM 算量系列 鲁班算量系列 iTWO …		
造价	广联达 GBQ iTWO …		
运维	Archibus Autodesk FM Desktop ArchiFM. net …		
相关插件	Fuzor 构件坞 橄榄山 红瓦 …		
其他	SketchUp …		

（四）BIM 与其他技术的融合与协同

BIM 技术与绿色建筑、装配式建筑、智慧城市、综合管廊、3D 打印、海绵城市等领域融合发展，以 BIM 技术为纽带，实现数据和管理的多方协同，进一步促进"BIM+"的深度融合发展，如 BIM+三维扫描、BIM+倾斜摄影、BIM+3D 打印、BIM+VR（Virtual Reality，虚拟现实）、BIM+IoT（Internet of Things，物联网）、BIM+GIS（Geographic Information System，地理信息系统）、BIM+FM（Facility Management，设施管理）等，促进绿色建筑发展，为智慧城市等新兴产业的发展提供数据和管理支持。

东莞职业技术学院绿色智慧校园节能管理中心集成基于 BIM 的三维可视化平台，实现了整个学校综合数据的展示与操作，如图 1-1-3 所示。通过运用"BIM+IoT"技术集成整合了能源子系统、中央空调及冷热源子系统、变配电及环境子系统、公共照明子系统、教室节能控制系统子系统等，形成了一个统一的管理平台。通过 BIM 建模的轻量化处理，可实现三维空间漫游、子系统导航等功能，能够综合显示能耗、配电、空调、照明、报警等数据的动态展示。

图 1-1-3　基于"BIM+IoT"东莞职业技术学院绿色智慧校园节能管理平台

二、Autodesk Revit 简介

Autodesk Revit 系列软件是以 BIM 为核心的建筑设计软件，不仅可以实现自由形状三维建模和参数化设计功能，还可以生成所需要的图纸、表格、模型漫游和工程量清单等。Revit 建模通过组合不同的建筑元素模拟实际建造，如梁、柱、门、窗、管线等。Revit 模型中所有的图纸对象（二维视图、三维视图、明细表等）都是一个基本建筑模型数据的表现形式。它的参数化修改引擎可自动协调到任何位置进行修改。利用 Revit 平台强大的数据互通能力，可以开展建筑、结构、设备等多专业三维协同设计。Revit 具备了参数化建模、精确统计、协同设计、碰撞检测、能耗分析、系统负载评估等功能，在民用和工业建筑领域被越来越多的设计单位采用，是我国现阶段普及最广的 BIM 软件。

（一）Revit 基本概念

1. 项目与项目样板

在 Revit 中，所有从几何图形到构造数据的项目工程信息被存储在后缀名为 ".rvt" 的项目文件中，该文件包括设计模型、视图、材质、造价、数量等内容，构成设计信息数据库。在 Revit 新建项目时，需要以一个后缀名为 ".rte" 的项目样板文件作为项目的初始条件，为项目提供初始状态。在样板文件中定义新建项目的默认初始参数，如度量单位、线型设置、显示设置、标准样式等。

> ⚠ 注意
>
> 使用高版本创建的项目文件 ".rvt" 和项目样板文件 ".rte" 无法在低版本的 Revit 中打开或编辑，但可以在更高版本的 Revit 中打开或编辑。在 Revit 中，用户可以自定义样板文件，保存为新的 ".rte" 文件。

2. 项目构成图元类别

图元是构成 Revit 项目的基础，也称为族。Revit 中的族包含图元的几何定义和图元所使用的参数，图元的每个实例都由族来定义和控制。在项目中使用基准图元（协助定义项目的定位信

息)、模型图元（代表建筑的实际三维几何图形）、视图专有图元（对模型图元描述或归档信息的特定视图）三种类型的图元。如图 1-2-1 所示为 Revit 图元关系，图中列举了 Revit 中各不同性质和作用图元的使用方式。

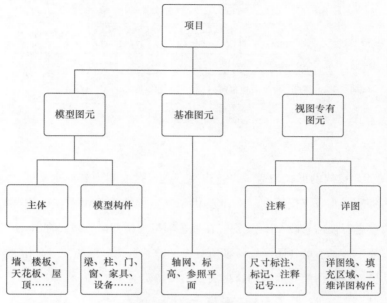

图 1-2-1 Revit 图元关系

3. 族与族样板

族是项目的基本图形单元，也是项目构件的参数信息载体，可分为可载入族、系统族和内建族。

（1）可载入族

可载入族是以后缀名为".rfa"的独立族文件，可以载入项目中，并能传递到另一个项目。创建族文件时，需要一个后缀名为".rft"的族样板文件，用于定义族的初始状态。

（2）系统族

系统族在项目中已预定义，包含项目和系统设置。它只能在项目中进行创建和修改，不能保存为独立的族文件，也不能以外部族文件载入或创建，它可以在项目和样板之间传递系统族类型信息。

（3）内建族

内建族是由用户在当前项目中创建的族，它不能单独生成".rfa"文件，也不能载入到别的项目中使用。

除内建族外，每个族都包含一个或多个不同的类型，以模型图元为例，通过族关系来展示模型图元的分级。如图 1-2-2 所示，窗可以通过创建不同的族类型来定义不同的窗类型和材质等，每个创建在项目中的实际窗图元，则为该类型的一个实例。

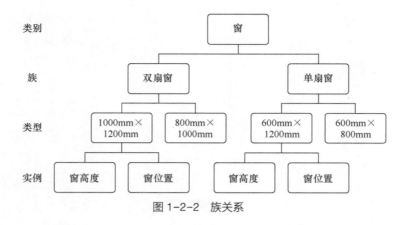

图 1-2-2　族关系

4. 参数化

Revit 中的图元均以族的形式表达，族（构件）是通过一系列参数定义的，这些参数保存了图元作为建筑构件的所有数字化信息。Revit 提供了基本的协调能力和生产率优势，无论何时在项目中的任何位置进行任何修改，Revit 都能在整个项目内协调该修改。在 Revit 中，任一视图下所发生的变更都能传递到所有视图，以保证所有图纸的一致性。例如，门与相邻隔墙之间为固定尺寸，如果移动了该隔墙，门与隔墙的这种关系仍保持不变。

> 🔔 **提示**
>
> Revit 文件类型可分为如表 1-2-1 所示的 4 种文件格式。
>
> **表 1-2-1**　　　　　　　**Revit 文件类型的文件格式分类**
>
> | 文件格式 | 文件类型 | 作用 |
> | --- | --- | --- |
> | rvt | 项目文件 | 基于 Revit 平台建立的建筑信息模型保存格式，它包含了整个项目结构部分的所有设计信息，是模型完成后保存的文件格式，包括模型、注释、视图、图纸等信息 |
> | rte | 项目样板文件 | Revit 为建模提供的一种可以自行定义的文件格式，包含了项目单位、标注样式、文字样式、线宽线型、导入导出格式等内容 |
> | rfa | 族文件 | 可载入族文件保存的格式，如梁、柱、基础、钢筋及详图等可载入族都是以这种格式存储的 |
> | rft | 族样板文件 | 通常以族样板文件为基础来建立各种常用可载入族文件，用户可以按照一定准则进行族样板文件的定义，包括公制结构柱、常规注释、公制详图构件等 |

（二）Revit 基础操作

下面以 Revit 2021 为例对该软件进行简单介绍。注意，Revit 2021 只能安装在 64 位操作系统，如 Windows 10 及以上版本。

1. Revit 2021 的启动

双击桌面 Revit 快捷图标 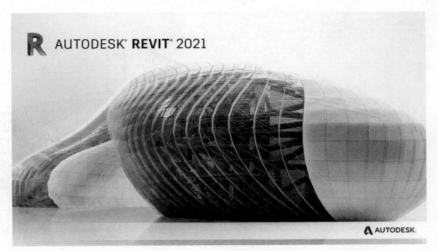，或单击【Windows 开始菜单】→【所有程序】→【Autodesk】→【Revit 2021】→【Revit 2021】启动软件平台，其启动画面如图 1-2-3 所示。此外，Revit 还提供了另一种启动方式"Revit Viewer 2021"，但此方式仅用于项目浏览和模型查看，不能用于项目变更和保存。

图 1-2-3　Revit 2021 启动画面

2. Revit 2021 的界面

Revit 2021 完成启动后，会进入主界面，如图 1-2-4 所示。此界面包括项目（模型）编辑区和族编辑区，在这两个区域中分别为按时间顺序依次列出的最近使用的项目文件和族文件的缩略图与名称。

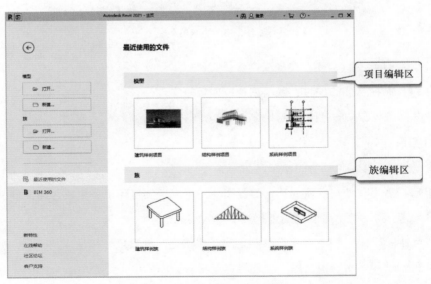

图 1-2-4　Revit 2021 主界面

在项目编辑区打开 Revit 模型文件或在"最近使用的文件"界面单击最近使用的项目文件缩略图，进入项目的查看和编辑状态，其界面如图 1-2-5 所示。

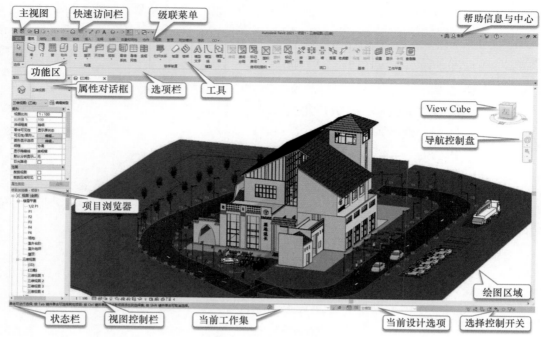

图 1-2-5　Revit 2021 项目操作界面

在项目操作界面中各个主要功能区的介绍如下：

（1）主视图　用于返回主界面，可以重新创建或打开模型文件、族文件。

（2）快速访问栏　用于显示常用的命令，如图 1-2-6 所示。

图 1-2-6　快速访问栏

① 打开 ：打开项目、族、注释或样板等文件。

② 保存 ：保存当前的项目、族、注释或样板等文件。

③ 同步并修改设置 ：执行同步操作的选项。

④ 撤销 ：取消上次的操作。

⑤ 恢复 ：恢复上次取消的操作。

⑥ 打印 ：将当前绘制区域或选定的视图和图纸发送到打印机或生成打印文件。

⑦ 测量 ：测量两个参照之间距离或沿图元测量。

⑧ 对齐尺寸标注 ：用于在平行参照之间或多点之间放置尺寸标注。

⑨ 按类别标记 ：用于根据图元类别将标记附着到图元中。

⑩ 文字 ：用于将文字注释添加到当前视图中。

⑪ 三维视图 ⬡ ▾：用于打开默认的正交三维视图，包括三维视图、相机视图和漫游视图。

⑫ 剖面 ◇：用于创建剖面视图。

⑬ 细线 ⬛：用于按照单一宽度在屏幕上显示所有线，缩放级别不受限制。

⑭ 关闭非活动视图 ⬛：关闭非活动状态的视图，当前绘图区域保持打开状态。

⑮ 切换窗口 ⬛ ▾：指定要显示或给出焦点的视图。

⑯ 自定义快速访问工具栏 ▾：用于自定义快速访问工具栏上显示的项目的添加或删除。

（3）级联菜单　使用某个命令时出现对应的命令选项卡。

（4）功能区　集合创建项目或族所需的全部工具。

（5）属性对话框　查看和修改用来定义 Revit 中图元实例属性的参数，包括类型选择器、属性过滤器、类型属性编辑、实例属性编辑等。

（6）选项栏　用于设置当前正在执行的功能操作的细节设置。

（7）工具　所有绘图创建项目的工具。

（8）项目浏览器　用于组织和管理当前项目中所有信息，包括视图、图例、明细表/数量、图纸、族、组、Revit 连接等项目资源。

（9）状态栏　提示操作步骤。

（10）视图控制栏　便于更细节地绘制项目，包括比例、详细程度、视觉样式（线框、隐藏线、着色、真实、光线追踪）、打开/关闭日照路径、打开/关闭阴影、显示/隐藏图元、裁剪视图、解锁/锁定三维视图、显示分析模型等。

（11）当前工作集、当前设计选项　前者用于创建工作集并且将图元添加到该工作集；后者用于创建并管理项目的设计选项集和各个设计选项卡，每个设计选项集均包含一个主选项和一个或多个次选项，可浏览其他设计。

（12）选择控制开关　包括选择链接、选择基线图元、选择锁定图元、按面选择图元、选择时拖拽图元、后台进程、优化视图中选定的图元。

（13）绘图区域　显示当前项目的视图、图纸和明细表。

（14）导航控制盘、View Cube　用于全导航三维视图，包括缩放、回放、平移、动态观察、环视、确定方向、指南针、漫游、中心。

（15）帮助信息与中心　信息中心提供 Autodesk A360、Autodesk App Store 等工具，可以访问许多与产品相关的信息源。

🔔 提示

　　在 Revit 中每当切换至新视图时，都会在绘图区域创建新的视图窗口，且保留所有已打开的其他视图。背景颜色默认为白色，单击【文件】选择卡，在"选项"对话框中的【图形】选项卡中，可以设置背景的颜色。

3. 快捷键的使用

在 Revit 的操作中，除了可以单击工具执行命令外，还可以通过键入快捷键字母，实现相应命令的执行。Revit 允许用户根据个人习惯自定义快捷键，如图 1-2-7 所示。Revit 的快捷键由两个字母组成，如表 1-2-2 所示，给出了 Revit 默认的快捷键列表。在任何情况下，键入相应的快捷键即可执行相关命令。

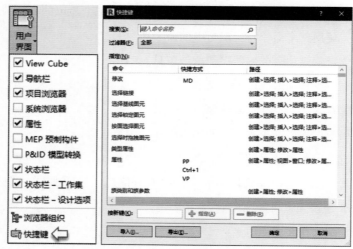

图 1-2-7　Revit 2021 快捷键管理窗口

表 1-2-2　　　　　　　　　　　　Revit 快捷键列表

快捷键	功能	快捷键	功能	快捷键	功能
WA	墙	SU	日光和阴影设置	RM	房间
DR	门	WF	线框	EL	高程点
WN	窗	HL	隐藏线	TG	按类别标记
LL	标高	SD	带边框着色	LW	线处理
GR	轴网	GD	图形显示选项	SF	拆分面
CM	放置构件	RR	渲染对话框	RL/RW	载入最新工作集
RP	绘制参照平面	IC	隔离类别	UN	项目单位设置
TX	注释文字	HC	隐藏类别	PR	绘制-属性
DL	详图线	HI	隔离图元	GP	创建组
MD	修改	HH	隐藏图元	UG	解组
DI	尺寸标注-对齐	HR	重设隐藏/隔离	EG	成组-编辑组
MV	移动	SA	选择全部实例	AP	编辑组-添加
CO/CC	复制	ZR/ZZ	区域放大	RG	编辑组-删除
RO	旋转	ZO/ZV	缩小一半	AD	编辑组-附着详图
MM	拾取镜像轴	ZE/ZF/ZX	缩放匹配	PG	组属性
AR	阵列	ZA	缩放全部以匹配	FG	编辑组-完成

续表

快捷键	功能	快捷键	功能	快捷键	功能
RE	缩放	ZS	缩放图纸大小	CG	编辑组-取消
PP	锁定	ZP/ZC	上一次平移/缩放	CS	创建类似实例
UP	解锁	SI	交点	RT	标记房间
DE	删除	SE	端点	F7	拼写检查
AL	修改-对齐	SM	中点	EX	排除
TR	修改-修剪	SC	中心	MP	移动到项目
SL	修改-拆分	SN	最近点	RB	恢复已排除构件
OF	修改-偏移	SP	垂足	RA	恢复所有已排除构件
VP	视图属性	ST	切点	CM	创建模型构件
VG/VV	可见性图形替换	SX	点	LI	创建详图-直线
TL	细线	SZ	关闭	//	分割表面
WC	窗口层叠	SO	关闭捕捉	SW	工作平面网格
WT	窗口平铺	SS	关闭替换	SQ	象限点
EH	隐藏图元	LG	链接	SR	捕捉远距离对象
VH	隐藏类别	EW	编辑尺寸界线	RH	切换显示隐藏的图元模式
EU	取消隐藏图元	VU	取消隐藏类别		

课 后 拓 展

一、单项选择题

1. BIM 的全称是（　　　）。

A. Building Information Modeling　　　　B. Building Information Manage

C. Build Information Memory　　　　D. Build Information Mobility

2. 以下四个阶段中，最早开始应用 BIM 理念和工具的阶段是（　　　）。

A. 规划阶段　　　　B. 设计阶段

C. 施工阶段　　　　D. 运维阶段

3. 实现 BIM 理念的载体是（　　　）。

A. 模型　　　　B. 软件

C. 电脑　　　　D. 图纸

4. 以下选项中不属于 BIM 基本特征的是（　　　）。

A. 可视化　　　　B. 协调性

C. 先进性　　　　D. 可出图性

5. BIM 是以（　　　）数字技术为基础，集成了建筑工程项目各种相关信息的工程数据模型，是对工程项目设施实体与功能特性的数字化表达。

A. 二维　　　　B. 三维

C. 四维　　　　D. 五维

二、多项选择题

1. BIM 技术在建设项目过程中的运用，是为了实现以下哪些目标？（　　　）

A. 提高工作效率　　　　B. 提高工作质量

C. 减少错误　　　　D. 降低风险

E. 避免错误

2. BIM 技术的引入，突破了二维的限制，给项目进度管理带来了不同的体验，BIM 技术进度管理的优势有哪些？（　　　）

A. 提升全过程协同效率　　　　B. 加快设计进度

C. 碰撞检测，减少变更和返工进度损失　　　　D. 加快施工进程，缩短工期

E. 提升项目决策效率

3. BIM 具有信息完备性和可视化的特点，BIM 在施工安全管理方面的应用主要体现在以下

哪些方面？（　　　）

    A. 仿真分析   B. 健康监测

    C. BIM 作为数字化安全培训的数据库，可以达到更好的效果

    D. BIM 可以提供可视化的施工空间

    E. 优化施工现场布置

4. 设计方应用 BIM 技术，往往希望通过 BIM 带来什么效果？（　　　）

    A. 更好表达设计意图   B. 便捷使用并减少设计错误

    C. 可视化的设计会审和专业协同   D. 信息的完整性

    E. 信息的一致性

5. 目前，我国的项目管理还处于粗放式的管理水平，与英国、新加坡等国家相比，我国传统项目管理存在以下哪些不足？（　　　）

    A. 业主方与管理之间缺少必要的沟通

    B. 前期的管理中，从各自的工作目标出发，缺少项目全生命周期的整体利益

    C. 项目参与方之间容易推诿责任

    D. 施工方对效益过分追求，质量管理方法很难充分发挥作用

    E. 缺乏政府和行业主管部门的政策支持

三、实操题

1. 通常将建筑工程设计信息模型建模精细度分为 5 级，从视图控制栏中选择不同的视觉样式观察和对比不同的模型图形样式。

2. 在同一个电脑中安装不同版本的 Revit 软件，尝试用低版本 Revit 打开和保存高版本项目文件，或用高版本 Revit 打开和保存低版本项目文件，总结 Revit 版本的高低和保存项目文件之间的关系。

3. 在选项卡【文件】→【选项】中设置绘图区域的背景为黑色，打开样例项目对比效果。

4. 在选项卡【视图】→【用户界面】中设置属性、项目浏览器等面板的可见性，在操作界面中合理布局各面板和状态栏，适合个人使用需求。

5. 打开模型，对比【真实】视觉样式与【着色】视觉样式的模型效果，若两者效果看起来相同，启用【使用硬件加速（Direct3D）】选项，再观察效果。

> **思考**
>
> 　　随着建筑行业的不断发展和进步，我们已经进入了大数据和信息时代。大数据是指在海量数据中挖掘出有用的信息，如知识、经验等。BIM 技术是其中一个非常重要的因素。BIM 技术在我国工程中的应用逐渐普遍，除了上述 BIM 项目应用的介绍，你还了解其他应用 BIM 技术的国内工程项目吗？谈谈个人感受。

模块二

模型创建

◇ 工程名称：培训楼

◇ 建筑面积：1911.56m²

◇ 建筑层数：地下 1 层，地上 4 层

◇ 建筑高度：15.15m

◇ 建筑的耐火等级为二级，设计使用年限为 50 年

◇ 建筑结构为钢筋混凝土框架结构，结构安全等级为一级

项目一　标高、轴网

◇ 教学目标

通过本项目的学习，了解标高、轴网族类型及其选择、创建、参数的设置，认识标高、轴网在建筑设计、建筑信息模型中对各构件空间关联的作用以及设计规范，掌握标高、轴网的创建和编辑方法，完成培训楼标高和轴网的创建。

◇ 学习内容

重点：标高、轴网的创建和编辑方法

难点：标高、轴网绘制的规范

标高、轴网是建筑设计在平面、立面和剖面中的定位依据，在建筑信息模型中起到了各构件空间定位的关联作用。在 Revit 项目平台中，标高、轴网是实现建筑、结构、机电等全专业间三维数据协同设计的必要基础。标高、轴网是建筑设计中的定位标识信息，BIM 模型每一步的创建都离不开标高、轴网，体量再大的建筑体设计也需要标高、轴网作为基础。万丈高楼平地起，我们要扎实打好基础，循序渐进。

任务一　创建新项目

启动 Revit 2021，单击【模型】→【新建】，弹出"新建项目"对话框，如图 2-1-1 所示。确认"新建项目"对话框中的"新建"类型为"项目"。选择定制的样板文件创建新项目，单击

【浏览】按钮，打开"课程资料\项目一\培训楼项目样板.rte"，如图2-1-2所示。单击【确定】按钮，完成新项目创建，如图2-1-3所示。

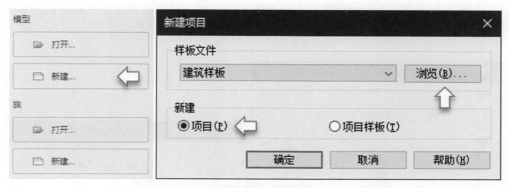

图2-1-1　新项目创建窗口

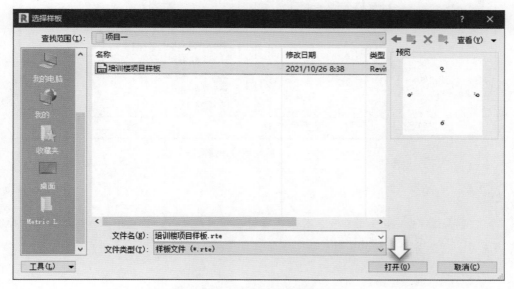

图2-1-2　新建项目选择样板文件

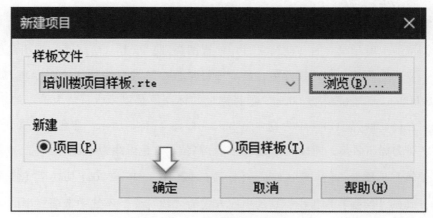

图2-1-3　新建项目确定窗口

设置项目中用于指定度量单位的精确度和符号。单击【管理】选项卡→【设置】面板→【项目单位】 ⬚⬚ 工具，在弹出的对话框中确认长度单位为 mm，面积单位为 mm²，单击【确定】按钮退出"项目单位"对话框。若度量单位与项目要求不一致，可单击对应单位格式进行修改，如图 2-1-4 所示。

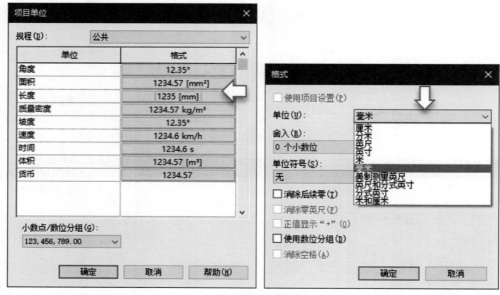

图 2-1-4　度量单位设置窗口

> ⚠ **注意**
>
> "培训楼项目样板. rte"是在中国标准样式的基础上建立的，若选择国际标准或其他标准，则标高符号、立面符号、颜色等规格将与本项目样板的不一样。

任务二　创建和编辑标高

在项目浏览器中展开"立面（建筑立面）"视图类别，双击"南立面"视图名称，绘图区域切换到"南立面"视图。在此视图中，显示项目样板中已设置的默认楼面标高 F1 与 F2，且 F1 标高为±0.000m，F2 标高为 3.000m。项目样板的标高值是以米（m）为单位的，Revit 2021 在应用过程中会自动换算项目单位为毫米（mm）。如图 2-1-5 所示，蓝色倒三角为标高图标，图标一侧的字符为标高名称，图标上方的数值为标高值，红色虚线为标高线。

单击【建筑】选项卡→【基准】面板→【标高】 ¹⁺◆ 工具，Revit 2021 切换至【修改 | 放置 标高】选项卡，确认【绘制】面板中标高的生成方式为"线" ⟋。不选中选项栏中的"创建平面视图"选项，设置"偏移"值为"0.0"，如图 2-1-6 所示。

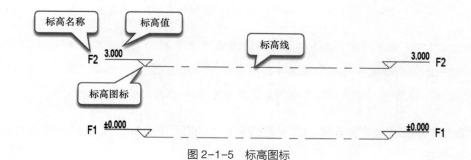

图 2-1-5　标高图标

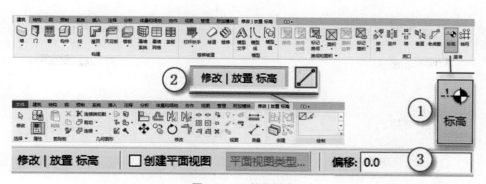

图 2-1-6　放置标高

移动鼠标光标至标高 F1 左下方，此时光标与标高 F1 之间显示临时尺寸标注，指示光标位置与 F1 标高的距离，其长度单位为 mm。当移动鼠标使光标位置与标高 F1 左端点对齐并出现蓝色虚线时，直接输入 "600" 并按 Enter 键确认，Revit 2021 会将距标高 F1 左端点下方 600mm 处位置确定为标高的起点。将鼠标光标向右移动，直到捕捉到 F1 标高右侧标头对齐位置时，单击鼠标左键结束，生成标高 F3。完成后按 Esc 键两次，退出绘制状态。单击 F3 标高线，进入被选择状态，然后单击【属性】面板中的 "类型选择器"，在列表中选择标高类型为 "下标头"，再将标高 F3 的标高名称修改为 "室外地坪"，如图 2-1-7 所示。

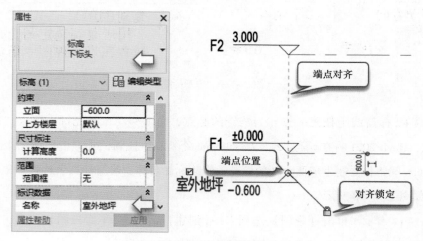

图 2-1-7　修改标高

⚠ **注意**

Revit 2021 中不能出现相同标高名称。当标高端点对齐时，会显示端点对齐线。当对齐锁定后，单击并拖动标高端点改变其位置时，所有对齐的标高会同时移动；当对齐解锁后，再次单击标高端点并拖动，只有该标高被移动，其他标高不会随之移动。

参考以上步骤创建地下室标高，地下室标高与 F1 相距 4200mm，与室外地坪相距 3600mm，如图 2-1-8 所示。

图 2-1-8　创建地下室标高

单击选择标高 F2，标高 F2 将高亮显示。单击其标高值，将"3.000"修改为"3.600"，按 Enter 键确认。标高 F2 被移至 3.600m 位置，即与标高 F1 相距 3600mm。在标高 F2 处于被选择和高亮显示的状态下，单击【修改丨放置 标高】选项卡→【修改】面板→【复制】 工具，选中选项栏中的"约束""多个"选项，如图 2-1-9 所示。

图 2-1-9　复制标高

单击标高 F2 标高线上任意一点作为复制的起点，向上移动鼠标光标，键入"3600"并按 Enter 键确认，Revit 2021 将在标高 F2 上方 3600mm 处复制生成新的标高。继续向上移动鼠标光标，以 3600mm 间距再复制生成两个新的标高，修改标高名称，确保标高名称按顺序排列，最终生成的标高如图 2-1-10 所示。

如图 2-1-11 所示，单击【视图】选项卡→【创建】面板→【平面视图】工具，分别为标高创建与其同名的结构平面视图和楼层平面视图，如图 2-1-12 所示。

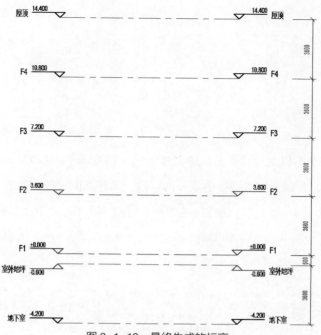

图 2-1-10　最终生成的标高

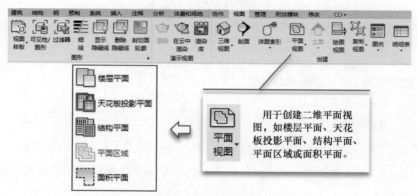

图 2-1-11　使用平面视图工具

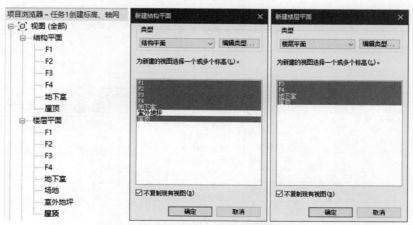

图 2-1-12　创建平面视图

任务三　创建和编辑轴网

标高创建完成后，可以到任意平面视图创建轴网。切换到 F1 结构平面视图，在视图中可见 4 个"◌"符号，它们分别表示本项目中东、南、西、北各立面视图的位置。

单击【建筑】选项卡→【基准】面板→【轴网】 ▦工具，Revit 2021 切换至【修改│放置 轴网】选项卡，确认【绘制】面板中轴网的生成方式为"线" ◿，确认"偏移"值为"0.0"，如图 2-1-13 所示。

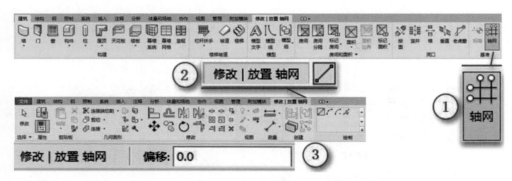

图 2-1-13　放置轴网

在【属性】面板中选择"6.5mm"选项，打开【编辑类型】，确定相关参数，如图 2-1-14 所示。其中，选中"平面视图轴号端点 1（默认）"表示在平面视图中的轴线起点处显示轴网编

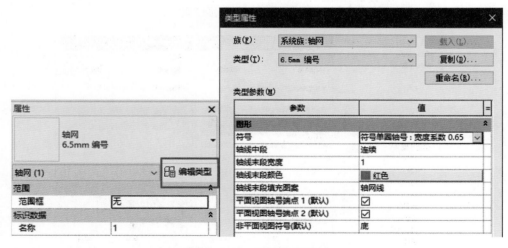

图 2-1-14　调整轴网类型

号；选中"平面视图轴号端点 2（默认）"表示在平面视图中的轴线终点处显示轴网编号；"非平面视图符号（默认）"指明在除平面视图之外的其他视图（如立面视图和剖面视图）中，轴网编号的显示位置。

移动鼠标光标至绘图区域左下方空白处，单击鼠标左键，生成轴线起点，然后向上移动鼠标光标，Revit 2021 将在此起点与光标位置之间显示预览轴线，并给出当前轴线方向与水平方向临时尺寸角度标注，如图 2-1-15 所示。当绘制的轴线在非垂直方向时，按下 Shift 键，Revit 2021 便进入正交绘制模式，此时能够约束轴线在垂直方向，如图 2-1-16 所示。

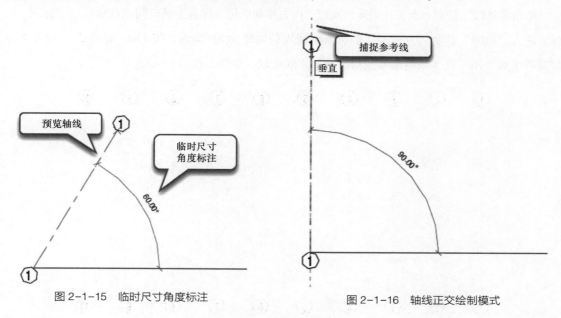

图 2-1-15　临时尺寸角度标注　　　　　　　　图 2-1-16　轴线正交绘制模式

沿着垂直方向的捕捉参考线，向上移动鼠标光标。当绘制的轴线在绘图区域上方位置时，单击鼠标左键完成第一根轴线的绘制，此时将自动生成轴网编号 1，如图 2-1-17 所示。完成后按 Esc 键两次，退出绘制状态。

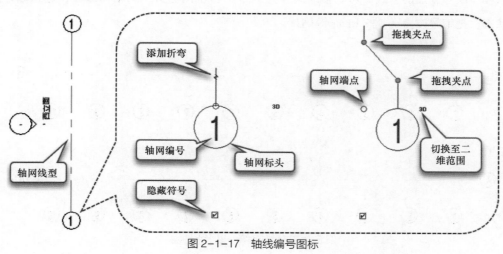

图 2-1-17　轴线编号图标

选择①轴线，系统自动切换至【修改｜轴网】选项卡，单击【修改】面板→【阵列】工具，进入阵列创建状态。设置选项栏中的阵列方式为"线性"，取消"成组并关联"选项的选中状态，设置项目数为"10"，移动到"第二个"，选中"约束"选项，如图 2-1-18 所示。

图 2-1-18　阵列方式创建轴网

单击①轴线上任意一点，作为阵列基点，向右移动鼠标光标直至基点间出现临时尺寸标注。此时，键入"8100"作为阵列间距，即每条轴网线的间距为 8100mm，按 Enter 键确认。Revit 2021将向右生成轴网阵列，轴网编号按数值累加方式生成，如图 2-1-19 所示。

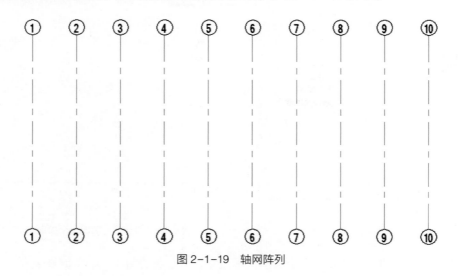

图 2-1-19　轴网阵列

接下来绘制水平轴网，按图 2-1-20 所示位置沿水平方向绘制第一根水平轴线，Revit 2021自动按轴线编号累加的方式命名此轴线编号为 11。单击轴网标头中的轴网编号，进入编号文本编辑状态，把编号改为 A，按 Enter 键确认。

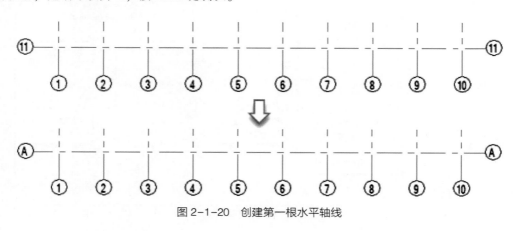

图 2-1-20　创建第一根水平轴线

创建完第一根水平轴线Ⓐ后，在其正上方绘制其他轴线，间距依次为 3000、3000、7000、7000、4000、7000mm，编号依次为 B、C、D、E、F、G，如图 2-1-21 所示。再次在Ⓐ轴线的正上方绘制Ⓗ、Ⓘ两条轴线，间距皆为 1800mm，然后把轴网编号依次更改为 1/A、1/B。选择1/B轴线，单击其"添加弯头"符号，为 1/B 轴线生成折弯，然后调整拖拽夹点使轴线标头不重叠。

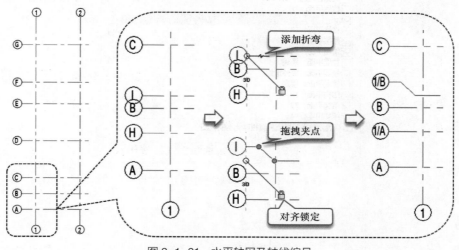

图 2-1-21　水平轴网及轴线编号

⚠ **注意**

东、南、西、北 4 个立面符号"⊖"须放置在轴网四周，如图 2-1-22 所示。

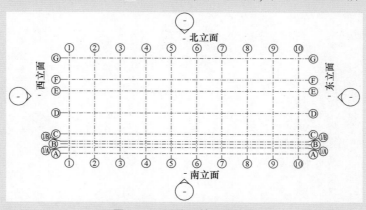

图 2-1-22　立面符号的放置

切换至 F2 结构平面视图，可见已生成与 F1 完全一致的轴网。切换至南立面视图，可见已生成垂直方向轴网。在 F2 结构平面视图中，1/B轴线并未生成像 F1 视图中那样的折弯，这是由于生成折弯仅对当前视图有效。在 F1 结构平面视图中，选择1/B轴线，单击【修改│轴线】选项卡→【基准】面板→【影响范围】🖼工具，弹出"影响基准范围"对话框，如图 2-1-23 所示。

在视图列表中选中需要与1/B轴线在 F1 结构平面视图中完全相同轴线折弯的视图，单击【确定】按钮，退出"影响基准范围"对话框，所选的视图将生成相同的轴线折弯。

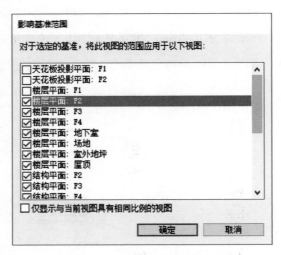

图 2-1-23　"影响基准范围"对话框

⚙ **技巧**

在弹出的"影响基准范围"对话框中，先按住 Ctrl 键再单击相关视图，可以进行多个视图的选择。

课 后 拓 展

一、单项选择题

1. 以下视图中不能创建轴网的是（　　　）。

A. 剖面视图

B. 立面视图

C. 平面视图

D. 三维视图

2. 如右图所示，创建的视图无法旋转，其原因是（　　　）。

A. 三维视图方向锁定

B. 该图为渲染图

C. 正等轴测图无法旋转

D. 正交透视图无法旋转

3. 设置轴线类型属性中"非平面视图符号（默认）"选项为"无"，则表示（　　　）。

A. 在平面视图中不显示轴线

B. 在平面视图中不显示轴号

C. 在立面视图中不显示轴线

D. 在立面视图中不显示轴号

4. 为避免未意识到图元已锁定而将其意外删除的情况，可以对图元进行什么操作？（　　　）

A. 锁定

B. 固定

C. 隐藏

D. 以上均可

5. 使用拾取方式绘制轴网时，下列不可以拾取的对象是（　　　）。

A. 模型线绘制的圆弧

B. 符号线绘制的圆弧

C. 玻璃幕墙

D. 参照平面

二、多项选择题

1. BIM 技术较二维 CAD 的优势体现在以下哪些方面？（　　　）

A. 各建筑元素间的关联性

B. 建筑物整体修改

C. 建筑信息的表达

D. 可视化

E. 绘制速度快

2. 下列选项中，属于传统的二维质量控制缺陷的内容有（　　　）。

A. 手工整合图纸

B. 均为局部调整

C. 对多管交叉的复制部分表达不够充分

D. 没有精确确定标高

E. 各个专业工种相互影响

3. 对比中外建筑业 BIM 发展的关键阻碍因素，可以发现中国的阻碍因素的特点具有如下哪些？（　　　）

    A. 人才培养不足　　　　　　　　　　B. BIM 系列软件技术发展缓慢

    C. 缺乏政府和行业主管部门的政策支持　　D. 缺少完善的技术规范和数据标准

    E. 对于分享数据资源持有消极态度

4. Revit 软件中对图元的基本选择方式主要有（　　　）。

    A. 单击选择　　　　　　　　　　　　B. 框选

    C. 多选　　　　　　　　　　　　　　D. 特性选择

    E. 反选

5. Revit 软件的基本文件格式主要分为（　　　）。

    A. rte 格式　　　　　　　　　　　　B. rvt 格式

    C. rft 格式　　　　　　　　　　　　D. rfa 格式

    E. Revit 格式

三、实操题

以东莞职业技术学院校园建筑体为 BIM 建模对象，开展建筑 BIM 建模。相关建筑体的 CAD 资料可以在"乐学在线"系统或"学习通"APP 的资料栏下载。本次任务要求如下：

1. 同学们自由组建多个小组，每个小组负责一座建筑体的 BIM 模型，各小组按下表填好相关信息。

××专业××班								
组别	组长	成员						任务
第一组								实验楼 8A
第二组								实验楼 8B
第三组								实验楼 8C
第四组								实验楼 8D
…								…

2. 各小组参照 CAD 底图绘制各建筑体的标高、轴网。

3. 以小组为单位提交模型文件，命名方式：楼栋号（如：实验楼 8A）。注意文件为 rvt 格式。

项目二　结 构 布 置

◇ 教学目标

通过本项目的学习，了解建筑结构中的柱、梁、基础等结构构件，认识结构图元的基本用法和原理，掌握柱、梁、基础等结构构件的布置方法和步骤，完成培训楼结构基础的布置。

◇ 学习内容

重点：结构图元的基本用法和原理

难点：结构构件的布置方法和步骤

结构是建筑体的"骨骼"，是由各种构件（屋架、梁、板、柱等）组成的能够承受正常施工、正常使用时出现的各种荷载作用的体系。建筑体由小到大、由低到高的建设都离不开结构支撑体系，比较常见的主要有框架结构、框架剪力墙结构、钢结构、钢筋混凝土结构、砖混结构等。

任务一　布置结构柱

图 2-2-1　设置"规程"

1. 初始设置与布置地下室结构柱

Revit 2021 提供结构柱和建筑柱两种柱。结构柱用于把垂直承重图元添加至模型中，建筑柱则是起装饰作用。结构柱的类型属性参数在结构柱族中定义。结构柱的布置需要在结构平面视图里完成，从地下室标高开始，分层布置结构柱。在项目浏览器中打开地下室结构平面视图，设置结构平面视图【属性】面板中的"规程"为"结构"，如图 2-2-1 所示。"规程"是用于控制各类图元的显示方式。下拉"规程"选项可见建筑、结构、机械、电气、卫浴、协调 6 种规程形式。在结构规程中只能显示结构图元，"建筑墙""门""窗"等非结构图元会被隐藏，但"墙饰条""幕墙"等图元不会被隐藏。

单击【插入】选项卡→【从库中载入】面板→【载入族】🔂工具，载入"课程资料＼项目 2＼培训楼-混凝土矩形柱．rfa"族文件，如图 2-2-2 所示。

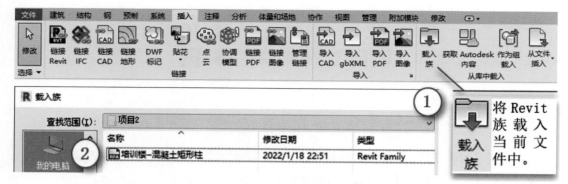

图 2-2-2　载入"培训楼-混凝土矩形柱 . rfa"族文件

如图 2-2-3 所示，单击【建筑】选项卡→【构建】面板→【柱】工具的黑色下拉箭头，在列表中选择"结构柱"，进入结构柱放置状态，系统自动切换至【修改｜放置 结构柱】选项卡。确认所选结构柱的当前类型为"培训楼-混凝土矩形柱：500mm×450mm"。确认【修改｜放置 结构柱】选项卡【放置】面板中结构柱的生成方式为"垂直柱"，即生成垂直于标高的结构柱，不激活"在放置时进行标记"选项。在选项栏中，不选中"放置后旋转"选项，确认柱的生成方式为"高度"，到达标高为"F1"标高，选中"房间边界"选项。

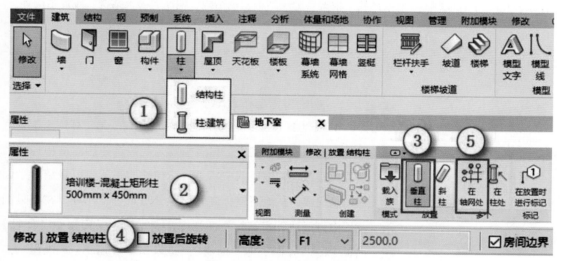

图 2-2-3　使用【柱】工具

⚠ 注意

Revit 2021 提供两种结构柱高度设置方式：高度和深度。高度：从当前标高到达高度设置值的方式确定结构柱高度。深度：从当前标高到达深度设置值的方式确定结构柱高度。"房间边界"选项用于确定是否从房间面积中扣除结构柱所占面积。选中"房间边界"选项，即把结构柱作为房间边界，从房间面积中扣除结构柱所占面积。

单击【多个】面板中的【在轴网处】 工具，系统自动切换至【修改｜放置 结构柱>在轴网交点处】选项卡，进入按轴网放置多个柱的状态。按住 Ctrl 键不放，使用鼠标左键按顺序分别单击Ⓐ轴线、Ⓑ轴线、Ⓒ轴线、①轴线、②轴线、③轴线，所选择的轴线将以蓝色高亮显示。在Ⓐ轴线与①轴线、②轴线、③轴线的交点处，Ⓑ轴线与①轴线、②轴线、③轴线的交点处，Ⓒ轴线与①轴线、②轴线、③轴线的交点处，预显示 9 根结构柱。单击【多个】面板中的【完成】 按钮，Revit 2021 将在所选轴线交点处生成结构柱，并分别对齐各结构柱中心。

继续放置结构柱，单击【多个】面板中的【在轴网处】 工具。在①轴线与⑩轴线交点右下方的空白处单击并按住鼠标左键不放，向视图左上角拖动鼠标光标，到Ⓒ轴线与①轴线交点左上方的空白处时松开鼠标，绘制虚线选择框，此时，在范围框内轴线交点处预显示 40 根结构柱。单击【多个】面板中的【完成】 按钮，在虚线选择范围框内所选轴线交点处生成结构柱。

在①轴线上距⑨轴线 4000mm 处垂直放置 1 根结构柱，完成后按 Esc 键两次，退出放置柱模式。地下室 50 根结构柱的布置如图 2-2-4 所示。

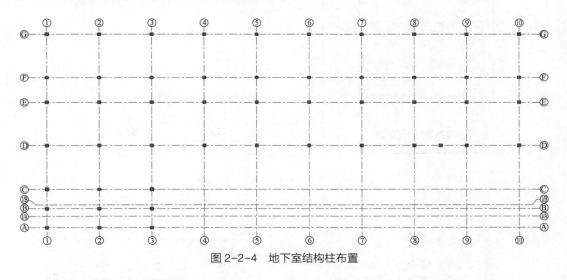

图 2-2-4　地下室结构柱布置

在Ⓖ轴线与①轴线交点左上方的空白处单击并按住鼠标左键不放，向视图右下角拖动鼠标光标，到Ⓐ轴线与⑩轴线交点右下方的空白处时松开鼠标，进行框选，确认在"过滤器"中这 50 根结构柱被选中，如图 2-2-5 所示。

如图 2-2-6 所示，单击【剪贴板】面板→【复制到剪贴板】 工具，然后单击【剪贴板】面板→【粘贴】 工具下拉列表，在列表中选择"与选定的标高对齐"选项，在弹出的"选择标高"对话框中选择 F1，单击【确定】按钮将所

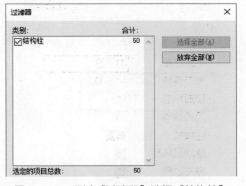

图 2-2-5　通过"过滤器"选择"结构柱"

选地下室标高的结构柱复制到 F1 标高。

确认地下室 50 根结构柱被选中的状态下，在【属性】面板中，设置"底部偏移"为"−1600.0"，即结构柱的底部高度为−1600mm，设置"顶部标高"为"F1"，其他参数不变，如图2-2-7 所示。最后，把Ⓖ轴线与①轴线交点处、Ⓒ轴线与⑩轴线交点处、Ⓓ轴线与⑩轴线交点处、Ⓒ轴线与①轴线交点处、Ⓒ轴线与③轴线交点处的 5 根结构柱的当前类型修改为"培训楼−混凝土矩形柱：550mm×500mm"，如图 2-2-8 所示。其他的结构柱保持不变。

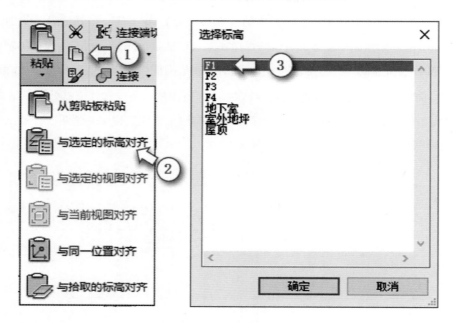

图 2-2-6　通过对齐标高复制结构柱

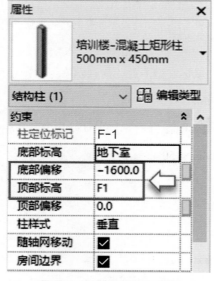

图 2-2-7　结构柱约束设置

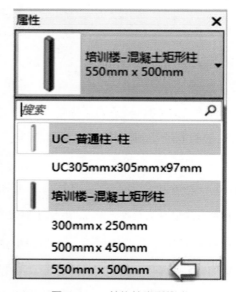

图 2-2-8　结构柱类型修改

2. 布置 F1 楼层结构柱

切换至 F1 结构平面视图，设置结构平面视图【属性】面板中的"规程"为"结构"。单击【属性】面板→【视图范围】"编辑"选项，在弹出的"视图范围"对话框中设置"底部"→"相关标高（F1）"→"偏移"值为"0.0"，如图 2-2-9 所示，单击"确定"按钮退出视图范围设置。

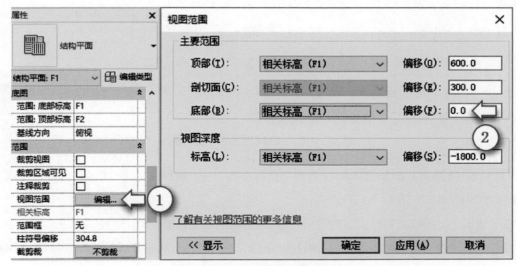

图 2-2-9 "视图范围"设置窗口

> ⚠️ **注意**
>
> 这里的"视图范围"设置是为了确保所选的多个结构柱是当前视图平面的，要将 F1 结构平面视图的底部范围设置为"0.0"偏移，否则在进行多选结构柱时，会将地下室的结构柱一同选择。

在Ⓖ轴线与①轴线交点左上方的空白处单击并按住鼠标左键不放，向视图右下角拖动鼠标光标，到Ⓑ轴线与⑩轴线交点右下方的空白处时松开鼠标，进行框选，确认Ⓑ轴线及以上区域的47 根结构柱被选中。通过【复制到剪贴板】和【粘贴】下拉列表中"与选定的标高对齐"选项，把此 47 根结构柱复制到 F2 标高。

在Ⓐ轴线与⑧轴线、⑩轴线的交点处、Ⓒ轴线与⑩轴线的交点处、Ⓒ轴线上距⑨轴线4000mm 处垂直放置 4 根"培训楼-混凝土矩形柱：500mm×450mm"结构柱。先通过【复制到剪贴板】和【粘贴】下拉列表中"与选定的标高对齐"选项，把此 4 根结构柱复制到 F2 标高，再分别设置它们的"底部标高"为"F1"、"底部偏移"为"-1600.0"、"顶部标高"为"F2"。F1 楼层 54 根结构柱布置如图 2-2-10 所示。

3. 布置 F2 楼层结构柱

切换至 F2 结构平面视图，设置结构平面视图【属性】面板中的"规程"为"结构"。设置

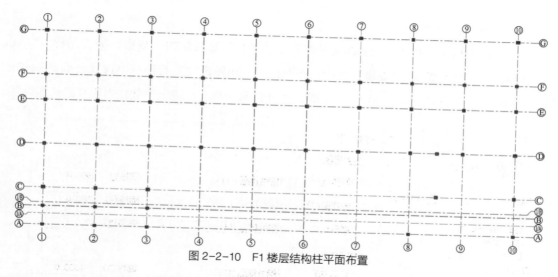

图2-2-10　F1楼层结构柱平面布置

【属性】面板→【视图范围】→"底部"→"相关标高（F2）"→"偏移"值为"0.0"，【视图范围】→"视图深度"→"偏移"值为"0.0"。

在Ⓖ轴线与①轴线交点左上方的空白处单击并按住鼠标左键不放，向视图右下角移动鼠标，到Ⓒ轴线与⑩轴线交点右下方的空白处时松开鼠标，进行框选，再选择Ⓐ轴线与⑧轴线、⑩轴线交点处的结构柱，确认以上48根结构柱被选中。通过【复制到剪贴板】和【粘贴】下拉列表中"与选定的标高对齐"选项，把此48根结构柱复制到F3标高。

在Ⓐ轴线与①轴线、②轴线、③轴线的交点处，垂直放置3根"高度"为"F3"的"培训楼-混凝土矩形柱：300mm×250mm"结构柱。F2楼层54根结构柱的布置如图2-2-11所示。

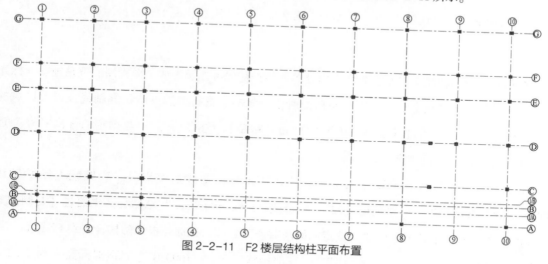

图2-2-11　F2楼层结构柱平面布置

4. 布置F3、F4楼层结构柱

切换至F3结构平面视图，设置结构平面视图【属性】面板中的"规程"为"结构"。设置【属性】面板→【视图范围】→"底部"→"相关标高（F3）"→"偏移"值为"0.0"，【视图范围】→

"视图深度"→"相关标高（F3）"→"偏移"值为"0.0"。

　　在⑧轴线与①轴线、②轴线、③轴线的交点处，垂直放置3根"高度"为"F4"的"培训楼–混凝土矩形柱：300mm×250mm"结构柱。F3楼层51根结构柱的布置如图2-2-12所示。

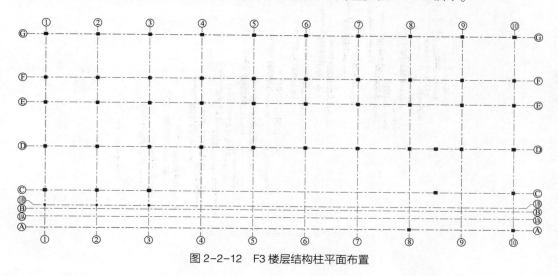

图 2-2-12　F3楼层结构柱平面布置

> ⚠ **注意**
>
> 　　Revit 提供两种柱，即建筑柱、结构柱，结构柱主要用于支撑上部结构并将荷载传至基础的竖向构件，构造柱和钢柱都属于结构柱。在 Revit 软件中，布置墙垛、装饰柱应采用建筑柱。

　　在⑧轴线与⑥轴线交点左上方的空白处，单击并按住鼠标左键不放，向视图右下角拖动鼠标光标，到⑨轴线与⑦轴线交点右下方的空白处时松开鼠标，进行框选，确认以上4根结构柱被选中。通过【复制到剪贴板】和【粘贴】下拉列表中"与选定的标高对齐"选项，把此4根结构柱复制到F4标高。F4楼层4根结构柱的布置如图2-2-13所示。

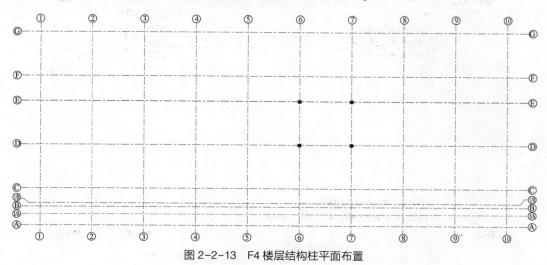

图 2-2-13　F4楼层结构柱平面布置

至此，培训楼结构柱已布置完成，单击【默认三维视图】 工具，展示正交三维视图，如图 2-2-14 所示。

图 2-2-14　培训楼结构柱三维视图

任务二　布置结构梁

1. 初始设置与布置地下室结构梁

在项目浏览器中打开地下室结构平面视图，单击【插入】选项卡→【从库中载入】面板→【载入族】 工具，载入"课程资料\项目 2\培训楼-混凝土矩形梁.rfa"族文件，如图 2-2-15 所示。

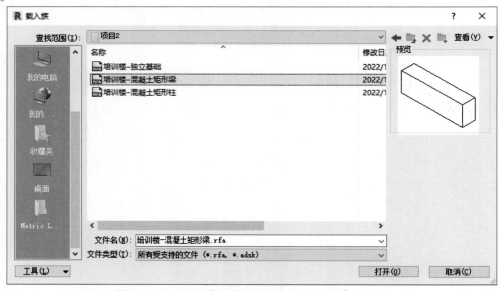

图 2-2-15　载入"培训楼-混凝土矩形梁.rfa"族文件

切换至地下室结构平面视图，单击【结构】选项卡→【结构】面板→【梁】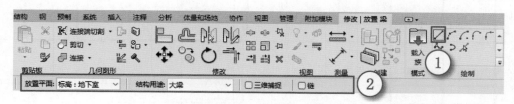工具，进入结构梁放置状态，系统自动切换至【修改｜放置 梁】选项卡。确认所选结构梁的当前类型为"培训楼-混凝土矩形梁：250mm×600mm"。确认【绘制】面板中的绘制方式为"线"，设置选项栏中的"放置平面"为"标高：地下室"，结构用途为"大梁"，不选中"三维捕捉"和"链"选项，如图2-2-16所示。

图2-2-16 使用【梁】工具

确认【属性】面板中的"Z轴对正"设置为"顶"，即所绘制的结构梁图元顶面与"放置平面"标高对齐。移动鼠标光标至Ⓐ轴线与①轴线的交点，在出现三角符号▲并显示"中点"处，单击鼠标左键，生成结构梁的起点，移动鼠标光标至Ⓑ轴线与①轴线的交点，在出现三角符号▲并显示"中点和垂直"处，单击鼠标左键，生成以上两交点间的结构梁。按上述方法，沿①→Ⓖ→⑩→Ⓓ→③→Ⓐ轴线的方向绘制结构梁，如图2-2-17所示。

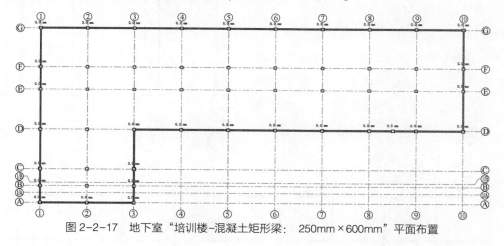

图2-2-17 地下室"培训楼-混凝土矩形梁：250mm×600mm"平面布置

调整结构梁的当前类型为"培训楼-混凝土矩形梁：250mm×500mm"。确认【绘制】面板中的绘制方式为"线"，设置选项栏中的"放置平面"为"标高：地下室"，结构用途为"大梁"，不选中"三维捕捉"和"链"选项。单击【多个】面板中的【在轴网处】工具，系统自动切换至【修改｜放置 梁>在轴网线上】选项卡，进入按轴网放置多个梁的状态。先按住 Ctrl 键，再分别单击②至⑨轴线、Ⓒ至Ⓕ轴线，然后单击【多个】面板中的【完成】✔按钮，Revit 2021将在所选轴线交点的结构柱之间生成结构梁。接着在Ⓑ轴线与①轴线、②轴线、③轴线交点的结构柱之间放置"培训楼-混凝土矩形梁：250mm×400mm"结构梁。地下室共生成82根结构梁，如图 2-2-18 所示。

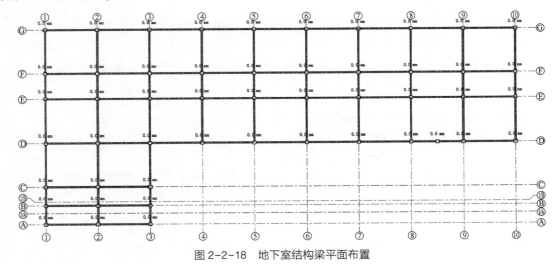

图 2-2-18　地下室结构梁平面布置

调整最外侧结构梁的位置。单击选择①轴线与Ⓐ轴线、Ⓑ轴线交点间的结构梁，单击【修改｜结构框架】选项卡→【修改】面板→【对齐】▣工具，移动鼠标光标至Ⓑ轴线与①轴线交点处结构柱的左边沿，单击生成蓝色对齐参考线，再单击结构梁的左边沿，使结构梁左边沿与结构柱左边沿对齐，如图 2-2-19 所示。按以上方法，沿①→Ⓖ→⑩→Ⓓ→③→Ⓐ轴线的方向，调整最外侧结构梁的位置，如图 2-2-20所示。

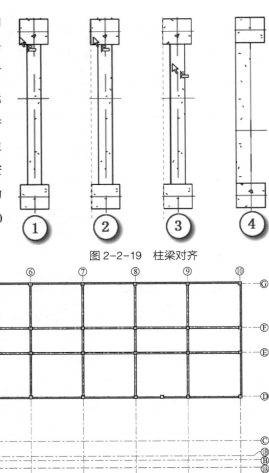

图 2-2-19　柱梁对齐

图 2-2-20　柱梁对齐后的地下室结构梁平面布置

> ⚠ **注意**
>
> 项目中的结构柱有多种类型，在对齐时选用"培训楼–混凝土矩形柱：500mm×450mm"，并以其外侧方向的边沿作为对齐参照对象。

> ⚙ **技巧**
>
> 在使用【对齐】工具对齐多个结构梁时，可选中 ☑**多重对齐** 选项，进行多个结构梁的连续对齐。

在Ⓒ轴线与①轴线交点左上方的空白处单击并按住鼠标左键不放，向视图右下角拖动鼠标光标，到Ⓐ轴线与⑩轴线交点右下方的空白处时松开鼠标，绘制虚线选择框，单击【选择】面板的【过滤器】 ▽ 工具，在弹出的"过滤器"窗口中保留"结构框架（大梁）"类别的选中状态。单击【确定】按钮，如图 2-2-21 所示。此时，在虚线选择范围框内的结构梁被全部选择。通过【复制到剪贴板】和【粘贴】下拉列表中"与选定的标高对齐"选项，把此 82 根结构梁复制到 F1 标高。

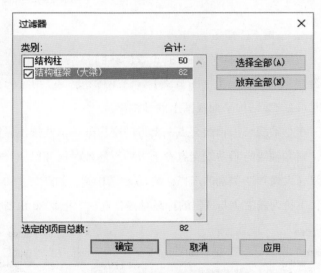

图 2-2-21　通过"过滤器"选择"结构框架（大梁）"

2. 布置 F1 楼层结构梁

切换至 F1 结构平面视图，在⑩轴线与Ⓒ轴线、Ⓓ轴线交点，Ⓒ、Ⓓ轴线与距⑨轴线左侧 4000mm 处交点的结构柱之间放置"培训楼–混凝土矩形梁：250mm×600mm"结构梁。保持此结构梁与结构柱"培训楼–混凝土矩形柱：500mm×450mm"外侧方向对齐。F1 楼层 85 根结构梁的布置如图 2-2-22 所示。

设置【属性】→"视图范围"→"底部"→"相关标高（F1）"→"偏移"值为"–1200.0"，【视图范围】→"视图深度"→"相关标高（F1）"→"偏移"值为"–1800.0"。

在Ⓒ轴线与①轴线交点左上方的空白处单击并按住鼠标左键不放，向视图右下角移动鼠标光标，到Ⓐ轴线与⑩轴线交点右下方的空白处时松开鼠标，进行框选。通过"过滤器"保留"结构框架（大梁）"类别的选择，共 85 根结构梁，如图 2-2-23 所示。通过【复制到剪贴板】和【粘贴】下拉列表中"与选定的标高对齐"选项，把此 85 根结构梁复制到 F2 标高。F2 楼层结构梁的布置与 F1 楼层一致。

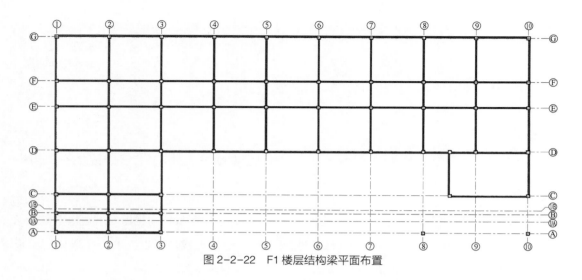

图 2-2-22　F1 楼层结构梁平面布置

3. 布置 F2 楼层结构梁

切换至 F2 结构平面视图，设置【属性】→"视图范围"→"底部"→"相关标高（F2）"→"偏移"值为"－1200.0"，【视图范围】→"视图深度"→"相关标高（F2）"→"偏移"值为"－1800.0"。此时可见 F2 结构平面视图上的结构梁。

在Ⓖ轴线与①轴线交点左上方的空白处单击并按住鼠标左键不放，向视图右下角移动鼠标光标，到Ⓑ轴线与⑩轴线交点右下方的空白处时松开鼠标，进行框选。通过"过滤器"保留"结构框架（大梁）"类别的选择，共 80 根结构梁，如图 2-2-24 所示。通过【复制到剪贴板】和【粘贴】下拉列表中"与选定的标高对齐"选项，把此 80 根结构梁复制到 F3 标高。

图 2-2-23　复制生成 F2 楼层结构梁

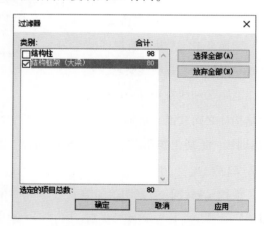

图 2-2-24　复制生成 F3 楼层结构梁

4. 布置 F3 楼层结构梁

切换至 F3 结构平面视图，设置【属性】→"视图范围"→"底部"→"相关标高（F3）"→"偏移"值为"－1200.0"，【视图范围】→"视图深度"→"相关标高（F3）"→"偏移"值为"－1800.0"。此时可见 F3 结构平面视图上的结构梁。调整Ⓑ与①、③轴线交点和Ⓐ与①、③轴线交点的结构柱的位置，使这 4 根结构柱与其对应的结构梁的外侧边沿对齐，如图 2-2-25 所示。

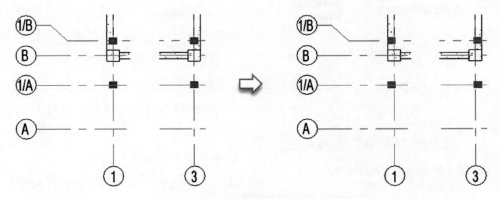

图 2-2-25　调整 F3 楼层结构柱

⚠ **注意**

梁的 *Z* 轴对正方式有：原点、顶、底、中心线，统一为 *YZ* 轴对正方式。

在Ⓑ轴线与①Ⓐ轴线之间的轴线上放置 5 根"培训楼-混凝土矩形梁：250mm×400mm"结构梁，如图 2-2-26 所示。F3 楼层 85 根结构梁的布置如图 2-2-27 所示。

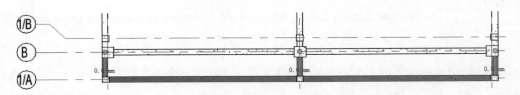

图 2-2-26　在调整后的 F3 楼层结构柱之间布置结构梁

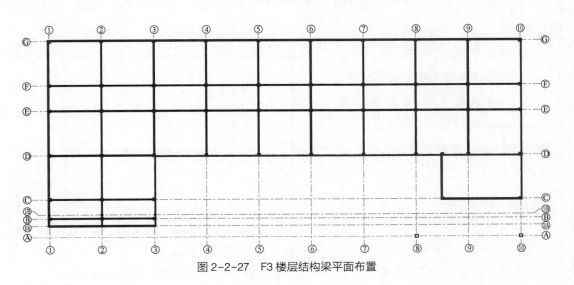

图 2-2-27　F3 楼层结构梁平面布置

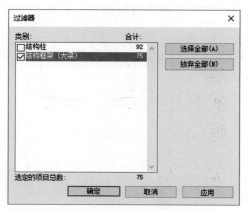

图 2-2-28　复制生成 F4 楼层结构梁

在Ⓒ轴线与①轴线交点左上方的空白处单击并按住鼠标左键不放，向视图右下角移动鼠标光标，到Ⓒ轴线与⑩轴线交点右下方的空白处时松开鼠标，进行框选。通过"过滤器"保留"结构框架（大梁）"类别的选择，共 75 根结构梁，如图 2-2-28 所示。通过【复制到剪贴板】和【粘贴】下拉列表中"与选定的标高对齐"选项，把此 75 根结构梁复制到 F4 标高。

5. 布置 F4 楼层结构梁

切换至 F4 结构平面视图，设置【属性】→"视图范围"→"底部"→"相关标高（F4）"→"偏移"值为"-1200.0"，【视图范围】→"视图深度"→"相关标高（F4）"→"偏移"值为"-1800.0"。此时可见 F4 结构平面视图上的结构梁。在Ⓒ轴线与⑪Ⓑ轴线之间的轴线上放置 5 根"培训楼-混凝土矩形梁：250mm×400mm"结构梁，如图 2-2-29 所示。

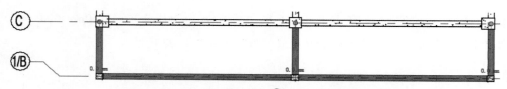

图 2-2-29　F4 楼层Ⓒ轴线与⑪Ⓑ轴线之间布置结构梁

在Ⓓ轴线与⑧轴线交点、Ⓐ轴线与⑧轴线交点、Ⓐ轴线与⑩轴线交点、Ⓒ轴线与⑩轴线交点的结构柱上放置 3 根"培训楼-混凝土矩形梁：250mm×500mm"结构梁，并保持这 3 根结构梁与其对应的结构柱外侧边沿对齐，如图 2-2-30 所示。F4 楼层 83 根结构梁的布置如图 2-2-31 所示。

切换至屋顶结构平面视图，在Ⓔ、Ⓓ、⑥、⑦轴线交点之间的结构柱上放置 4 根"培训楼-混凝土矩形梁：250mm×500mm"结构梁，并保持这 4 根结构梁与其对应的结构柱外侧边沿对齐，屋顶的 4 根结构梁的布置如图 2-2-32 所示。

至此，培训楼结构梁已布置完成，单击【默认三维视图】⌂工具，展示正交三维视图，如图 2-2-33 所示。

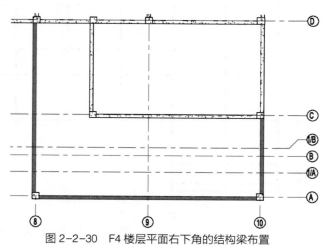

图 2-2-30　F4 楼层平面右下角的结构梁布置

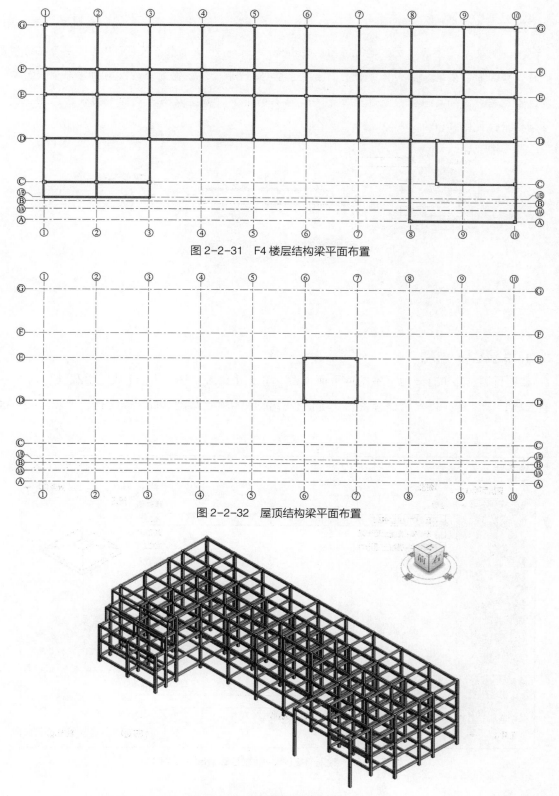

图 2-2-31　F4 楼层结构梁平面布置

图 2-2-32　屋顶结构梁平面布置

图 2-2-33　培训楼结构梁三维视图

当绘制梁时，显示"所创建的图元在视图楼层平面：标高 1 中不可见"。这是因为在绘制梁时，默认的"*Z* 轴对正"为顶对正，如图 2-2-34 所示，即放置梁时会以梁的顶部位置为参照放置在相应的标高平面，此时梁处于当前标高的下方。需要设置当前的平面视图范围，使得梁处于该视图范围内。

图 2-2-34 *Z* 轴对正默认设置

任务三 布置基础

1. 布置基础 JC-3

在项目浏览器中打开地下室结构平面视图，单击【插入】选项卡→【从库中载入】面板→【载入族】🗔工具，载入"课程资料 \ 项目 2 \ 培训楼-独立基础 . rfa"族文件，如图 2-2-35 所示。

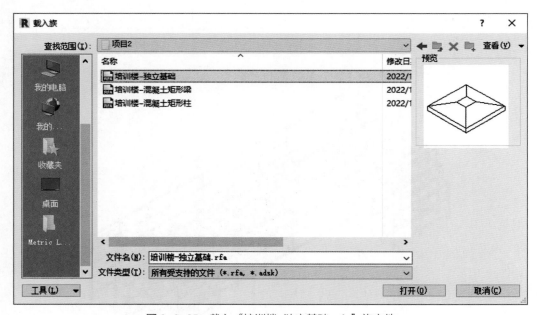

图 2-2-35 载入"培训楼-独立基础 . rfa"族文件

单击【结构】选项卡→【基础】面板→【独立】🗔工具，进入基础放置状态，系统自动切换至【修改│放置 独立基础】选项卡。单击【多个】面板中的【在柱处】⬆️工具，确认所选基础的当前类型为"培训楼-独立基础：JC-3"。在选项栏中，不选中"放置后旋转"，如图2-2-36所示。

图2-2-36 使用【基础】工具

如图2-2-37所示，先按住 Ctrl 键不放，再单击对应的结构柱，放置5个基础，基础会自动生成在结构柱下方，即地下室-1600mm 处。

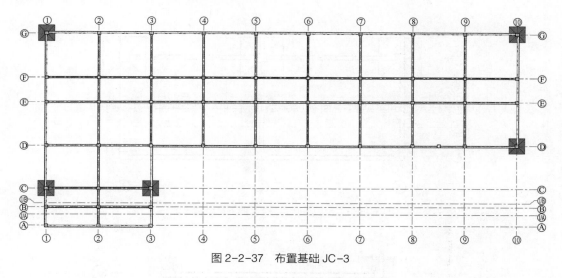

图2-2-37 布置基础 JC-3

2. 布置基础 JC-2

调整基础的类型为"培训楼-独立基础：JC-2"，不选中选项栏中的"放置后旋转"。如图2-2-38所示，单击对应的结构柱，放置39个基础。

3. 布置基础 JC-1

调整基础的类型为"培训楼-独立基础：JC-1"。不选中选项栏中的"放置后旋转"。如图2-2-39所示，单击对应的结构柱，放置6个基础。

切换至 F1 结构平面视图，如图2-2-40所示，单击对应的结构柱，放置4个"培训楼-独立基础：JC-1"基础。

至此，培训楼的独立基础已布置完成，单击【默认三维视图】🏠工具，展示正交三维视图，如图2-2-41所示。

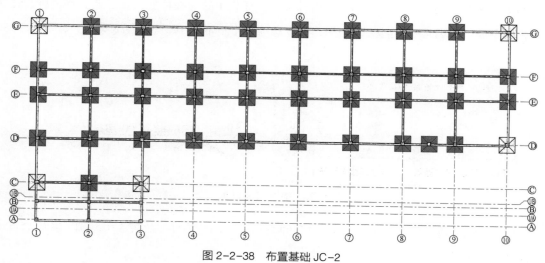

图 2-2-38 布置基础 JC-2

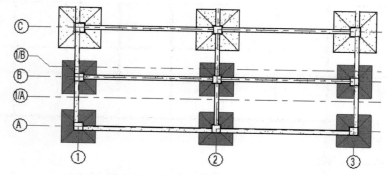

图 2-2-39 布置基础 JC-1（地下室结构平面）

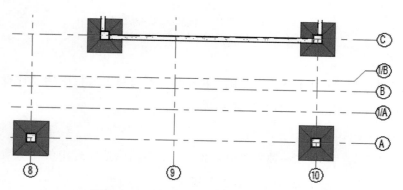

图 2-2-40 布置基础 JC-1（F1 结构平面）

⚠ **注意**

Revit 提供了三种基础形式，分别是独立基础、条形基础和基础底板。

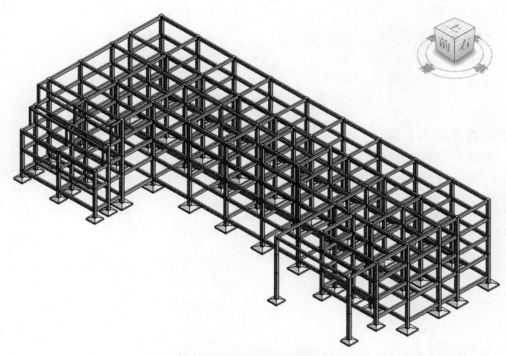

图 2-2-41 培训楼独立基础三维视图

课 后 拓 展

一、单项选择题

1. 用来确定新建房屋的位置、朝向以及周边环境关系的是（　　）。

A. 建筑一层平面图 　　　　　　　　　　B. 建筑立面图

C. 总平面图 　　　　　　　　　　　　　D. 功能分区图

2. 结构施工图由（　　）等组成。

A. 总平面图、平立剖、各类详图 　　　　B. 基础图、楼梯图、屋顶图

C. 基础图、结构平面图、构件详图 　　　D. 配筋图、模板图、装修图

3. 以下哪些是属于项目样板的设置内容？（　　）

A. 项目中构件和线的线样式 　　　　　　B. 模型和注释构件的线宽

C. 建模构件的材质 　　　　　　　　　　D. 以上皆是

4. 建筑工程信息模型应包含的两种信息是（　　）。

A. 几何信息和非几何信息 　　　　　　　B. 模型和数据

C. 参数和功能   D. 时间及内容

5. "标高"命令可用于（   ）。

A. 平面图   B. 立面图

C. 透视图   D. 以上都可

二、多项选择题

1. 建模中，哪些楼层是不可缺少的、需要单独逐一建立的？（   ）

A. 标准层   B. 首层

C. 屋顶层   D. 基础层

E. 机房层

2. 对于建筑立面图的命名，下列哪些选项是以主次命名的？（   ）

A. 东立面图   B. 正立面图

C. 北立面图   D. 侧立面图

E. ①~⑥轴立面图

3. 参数化设计基本途径的特点有哪些？（   ）

A. 简单   B. 易于实现

C. 灵活性好   D. 灵活性差

E. 方程求解速度慢

4. 建模模型与后面的建造紧密相关，要求所有相关尺寸都是精确、完备的，其中包括的空间位置有（   ）。

A. 楼层标高   B. 构件尺寸

C. 偏心定位   D. 轴线定位

E. 坐标点输入

三、实操题

以东莞职业技术学院校园建筑体为 BIM 建模对象，开展建筑 BIM 建模。本次任务要求如下：

1. 各小组参照 CAD 底图创建各建筑体的结构柱、结构梁等模型。

2. 以小组为单位提交模型文件，命名方式：楼栋号（如：实验楼 8A）。

🔍 **思考**

结构是建筑体承重骨架，是建筑实现各项功能最基本的载体，也是建筑之所以成立的基础条件。谈谈个人所认识的建筑结构类型和结构构件，以及建筑结构主要构件所体现的作用。

项目三 墙 体

◇ 教学目标

通过本项目的学习，认识墙体类型的定义，包括墙厚、做法、材质、功能等，设定墙体平面位置、高度等参数，掌握墙体的创建和编辑方法。完成本项目培训楼中外墙、叠层墙、内墙三种类型墙体的创建。

◇ 学习内容

重点：墙体的定义及其创建和编辑方法

难点：叠层墙的创建和应用

墙体是指一种垂直向的空间隔断结构。一方面，墙体作为建筑物的外维护结构，需要具有足够优良的防水、防风、保温、隔热性能，为室内环境提供保护；另一方面，墙体是建筑师进行空间划分的主要手段，用以满足建筑功能、空间的要求。

任务一 创建外墙

1. 定义外墙

在项目浏览器中打开地下室楼层平面视图，单击【建筑】选项卡→【构建】面板→【墙】工具的黑色下拉箭头，在列表中选择"墙：建筑"。单击【属性】面板中的【编辑类型】按钮，打开墙"类型属性"对话框。设置当前族为"系统族：基本墙"、当前类型为"常规-300mm"。单击类型列表后的【复制】按钮，在"名称"对话框中输入"培训楼-地下室-外墙"作为新的类型名称，单击【确定】按钮返回"类型属性"对话框，为基本墙族创建名称为"培训楼-地下室-外墙"的族类型，如图2-3-1所示。

确认"类型属性"对话框墙体类型参数列表中的"功能"为"外部"，表示此墙体用于室外。地下室外墙的结构分别由"面层1〔4〕""衬底〔2〕""结构〔1〕""面层2〔5〕"等功能层组成。单击"结构"参数后的【编辑】按钮，打开"编辑部件"对话框，如图2-3-2所示。

在"编辑部件"对话框的层列表中，单击【插入】按钮4次，插入4个新层，新插入的层默认厚度为"0.0"，其功能默认为"结构〔1〕"。单击编号2的墙构造层，此行即高亮显示，如图2-3-3所示。单击【向上】按钮，向上移动该层，其编号变更为1，此时其他层编号将根据所在位置自动进行调整。

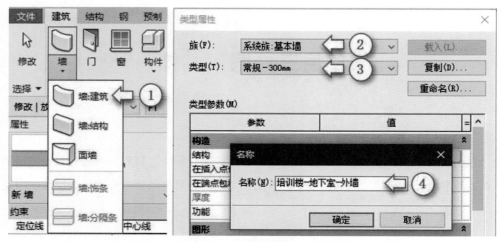

图 2-3-1　使用【墙】工具

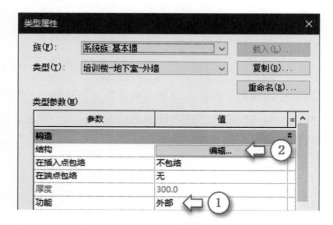

图 2-3-2　墙体"类型属性"对话框

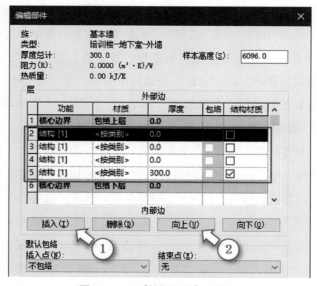

图 2-3-3　"编辑部件"对话框

单击第 1 行的"功能"单元格，在下拉列表中选择"面层 1 [4]"，修改该行的"厚度"值为"10.0"，如图 2-3-4 所示。

单击第 1 行的"材质"单元格中的【浏览】按钮 ⋯，通过项目材质的下拉列表，选择"水泥砂浆"，单击【确定】按钮返回"编辑部件"对话框，如图 2-3-5 所示。

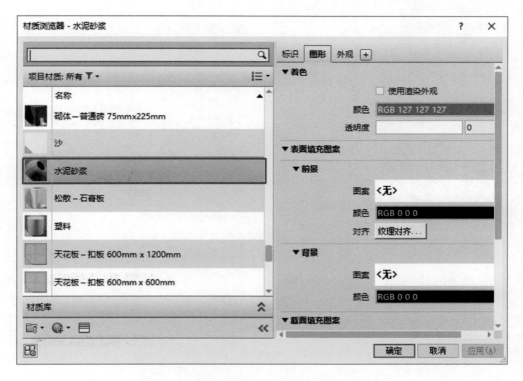

图 2-3-4 墙体"面层 1 [4]"功能及厚度修改对话框

图 2-3-5 墙体"面层 1 [4]"材质修改对话框

在"编辑部件"对话框中选择第 3 行，单击【向上】按钮，将其移动至第 2 行，修改该行的功能为"衬底 [2]"，"厚度"值为"30.0"，如图 2-3-6 所示。修改此行的"材质"，通过项目材质的下拉列表，选择"水泥砂浆"，通过鼠标右键单击列表中的"复制"选项，复制材质，并重命名为"培训楼-外墙衬底"，如图 2-3-7 所示。在"图形"选项卡中，修改着色颜色为"白色"，设置"表面填充图案"为"无"，"截面填充图案"（前景）为"对角线交叉填充 -3mm"，"颜色"均设置为黑色。完成后单击【确定】按钮返回"编辑部件"对话框。

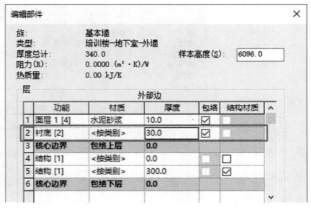

图2-3-6　墙体"衬底［2］"功能及厚度修改对话框

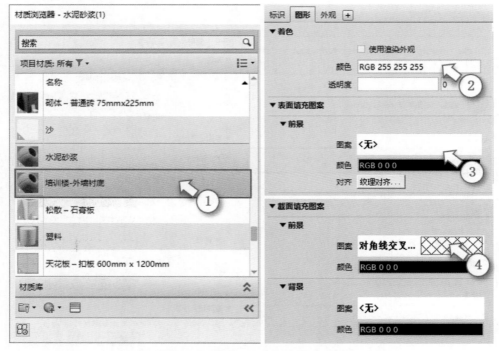

图2-3-7　墙体"衬底［2］"材质修改对话框

⚠ **注意**

墙的类型可设置的参数包括粗略比例填充样式、复合层结构、材质。

在"编辑部件"对话框的层列表第5行，把"结构［1］"的"厚度"值修改为"240.0"，进入"材质浏览器"，选择"砌体-普通砖75mm×225mm"，如图2-3-8所示。完成后单击【确定】按钮返回"编辑部件"对话框。

把第4行"结构［1］"对应的行下调至最下方，并调整其功能为"面层2［5］"。修改其

"厚度"值为"20.0",进入"材质浏览器",选择"涂料-黄色",复制并重命名为"培训楼-内墙粉刷"。在"图形"选项卡中,设置着色颜色为"白色","表面填充图案"为"无","截面填充图案"(前景)为"沙","颜色"均设置为黑色。在"外观"选项卡中,设置"墙漆"颜色为"白色",如图 2-3-9 所示。完成后依次单击"材质浏览器""编辑部件""类型属性"的对话框【确定】按钮,返回墙绘制状态。

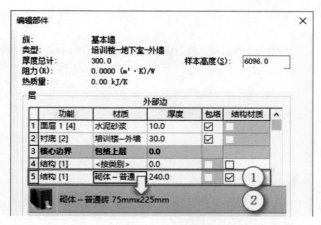

图 2-3-8　墙体"结构 〔1〕"厚度及材质修改对话框

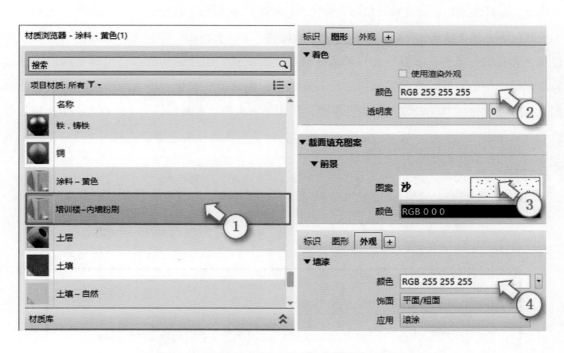

图 2-3-9　墙体"结构 〔1〕"材质修改对话框

2. 创建地下室外墙

确认当前工作视图为地下室楼层平面视图,当前墙类型为"基本墙:培训楼-地下室-外墙"。在【修改 | 放置 墙】状态下,设置【绘制】面板中绘制方式为"线"，设置选项栏中的墙"高度"为"室外地坪",即该墙高度由当前视图标高地下室至标高室外地坪。设置墙"定位线"为"墙中心线",选中"链"选项,即连续绘制墙,设置"偏移"值为"135.0",如图

2-3-10 所示。

图 2-3-10　外墙绘制设置

> ⚠ 注意
>
> 由于选中了"链"选项，在绘制墙体时，第一面墙的绘制终点为第二面墙的绘制起点。

在绘图区域内，移动鼠标光标╬至Ⓐ轴线与①轴线交点处，单击鼠标左键作为墙绘制的起点，然后沿①轴线垂直向上移动鼠标光标，直到捕捉Ⓖ轴线与①轴线的交点，单击生成第一面墙的终点。沿Ⓖ轴线向右继续移动鼠标光标，在Ⓖ轴线与⑩轴线的交点处单击，生成第二面墙。沿⑩轴线向下继续移动鼠标光标，在Ⓓ轴线与⑩轴线的交点处单击，生成第三面墙。沿Ⓓ轴线向左继续移动鼠标光标，在Ⓓ轴线与③轴线的交点处单击，生成第四面墙。沿③轴线向下继续移动鼠标光标，在Ⓐ轴线与③轴线的交点处单击，生成第五面墙。沿Ⓐ轴线向左继续移动鼠标光标，在Ⓐ轴线与①轴线的交点处单击，生成第六面墙。完成后按 Esc 键两次，退出墙绘制模式。所绘制的地下室外墙如图 2-3-11 所示，地下室楼层外墙三维视图如图 2-3-12 所示。

> ⚠ 注意
>
> 在绘制墙体时，正确的顺序应该是以顺时针方向绘制，若没有按照顺时针绘制墙体，将会导致内外墙颠倒。若要反转内外墙面，可通过选择该墙体，按 Space 键进行转换。

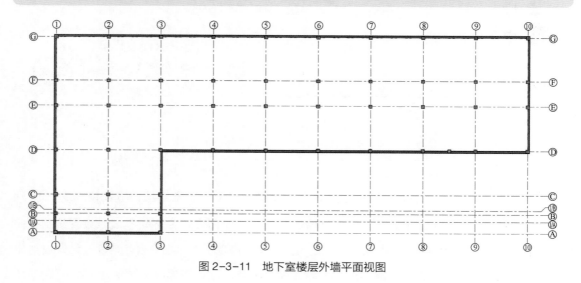

图 2-3-11　地下室楼层外墙平面视图

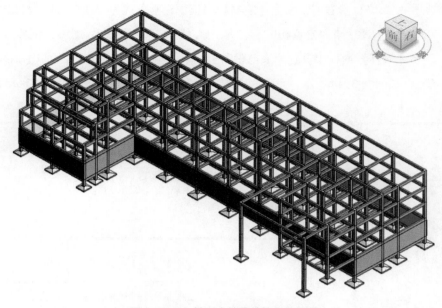

图 2-3-12　地下室楼层外墙三维视图

3. 创建 F1 楼层外墙

切换至 F1 楼层平面视图，确认当前墙类型为"基本墙：培训楼-地下室-外墙"。单击【属性】面板中的【编辑类型】按钮，打开墙"类型属性"对话框。复制墙类型"培训楼-地下室-外墙"，命名为"培训楼-F1-外墙"。修改其"面层 1 [4]"的材质，选择"涂料-黄色"，复制并重命名为"培训楼-F1-外墙粉刷"。在"图形"选项卡中，设置着色颜色的 RGB 为 128、64、64，如图 2-3-13 所示。其他参数不变，保存后返回墙绘制状态。

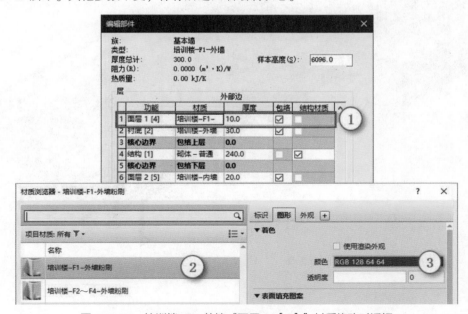

图 2-3-13　培训楼-F1-外墙"面层 1 [4]"材质修改对话框

在【修改 | 放置 墙】状态下，设置【绘制】面板中绘制方式为"线" 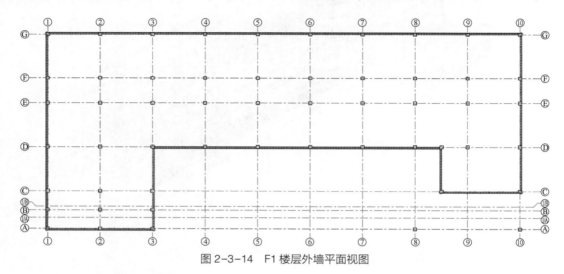，设置选项栏中的墙"高度"为"F2"。设置墙"定位线"为"墙中心线"，选中"链"选项，设置"偏移"值为"135.0"。在【属性】面板中设置"底部偏移"为"室外地坪"。以Ⓐ轴线与①轴线交点处作为墙绘制的起点，按图2-3-14所示，完成F1楼层外墙的绘制，其三维效果如图2-3-15所示。

图2-3-14　F1楼层外墙平面视图

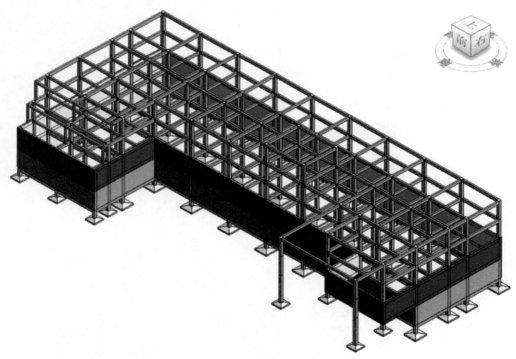

图2-3-15　F1楼层外墙三维视图

4. 创建F2楼层外墙

切换至F2楼层平面视图，选择墙类型"基本墙：培训楼-F1-外墙"。单击【属性】面板中的【编辑类型】按钮，打开墙"类型属性"对话框。复制墙类型"培训楼-F1-外墙"，命名为"培训楼-F2~F4-外墙"。修改其"面层1［4］"的材质，选择"培训楼-F1-外墙粉刷"，复制并重命名为"培训楼-F2~F4-外墙粉刷"。在"图形"选项卡中，设置着色颜色的RGB为250、250、220，如图2-3-16所示。其他参数不变，保存后返回墙绘制状态。

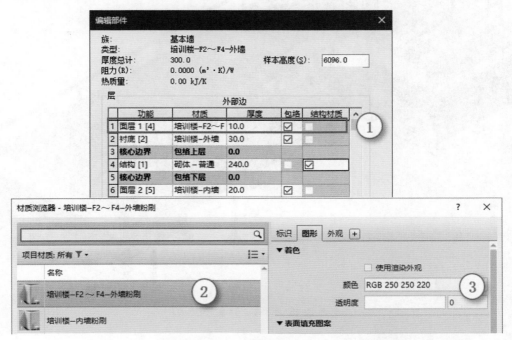

图2-3-16　培训楼-F2～F4-外墙"面层1［4］"材质修改对话框

设置墙"定位线"为"墙中心线"，选中"链"选项，设置"偏移"值为"135.0"。以⑩轴线与①轴线交点处作为墙绘制的起点，按图2-3-17所示，绘制F2楼层外墙，其三维效果如图2-3-18所示。

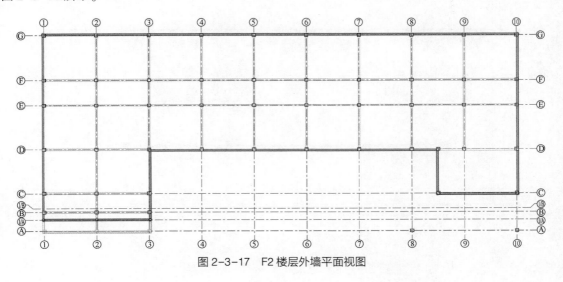

图2-3-17　F2楼层外墙平面视图

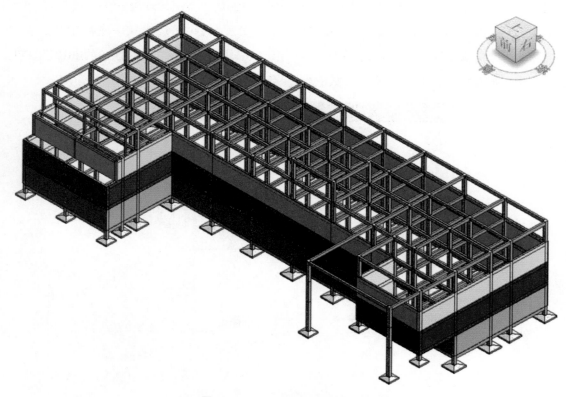

图 2-3-18　F2 楼层外墙三维视图

5. 创建 F3 楼层外墙

切换至 F3 楼层平面视图，继续选用墙类型"培训楼-F2~F4-外墙"。设置墙"定位线"为"墙中心线"，选中"链"选项，设置"偏移"值为"135.0"。以⑱轴线与①轴线交点处作为墙绘制的起点，按图 2-3-19 所示，完成 F3 楼层外墙的绘制，其三维效果如图 2-3-20 所示。

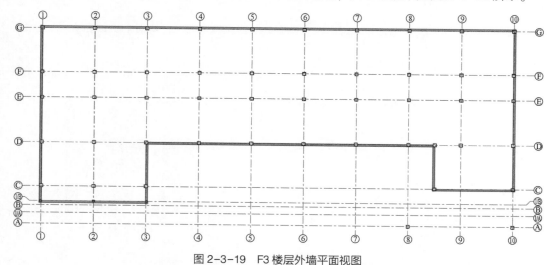

图 2-3-19　F3 楼层外墙平面视图

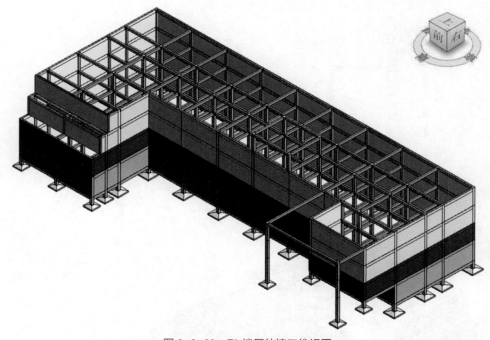

图 2-3-20　F3 楼层外墙三维视图

在 F3 楼层平面视图，移动鼠标光标至任意外墙位置，光标所接触的外墙高亮显示。按 Tab 键多次，直到高亮显示所有首尾相连的外墙，保持鼠标位置不动，单击选中全部高亮显示的外墙。在【修改｜墙】选项卡下，单击【剪贴板】面板中的【复制到剪贴板】📋工具或按 Ctrl+C 键，将所选外墙图元复制至剪贴板。单击【粘贴】📋工具下拉列表，在列表中选择"与选定的标高对齐"选项，在弹出的"选择标高"对话框中选择 F4，单击【确定】按钮将所选 F3 标高的外墙复制至 F4。

6. 创建 F4 楼层外墙

切换至 F4 楼层平面视图，选择 F4 楼层的全部外墙，设置外墙【属性】→"顶部偏移"为 "−2100.0"，把 F4 楼层的外墙修改为女儿墙。选择①轴线上的外墙，在【修改｜墙】选项卡下，单击【修改】面板→【用间隙拆分】🔲工具，分别在此段外墙的⑥轴线和⑦轴线处单击拆分，再单击⑥轴线和⑦轴线之间被拆分出来的这段外墙，然后单击【修改】面板→【删除】❌工具进行删除，如图 2-3-21 所示。

选择①轴线和⑧轴线交会处的外墙，在【修改｜墙】选项卡下，单击【修改】面板→【拆分图元】🔲工具，在外墙与⑧轴线交会处单击拆分，然后删除轴线⑧右侧的外墙，如图

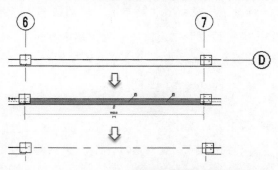

图 2-3-21　拆分 F4 楼层⑥轴线和⑦轴线之间的外墙

2-3-22 所示。修整后外墙的三维效果如图 2-3-23 所示。

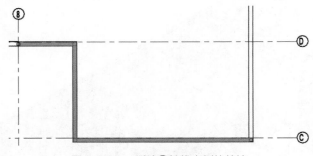

图 2-3-22　删除⑧轴线右侧的外墙

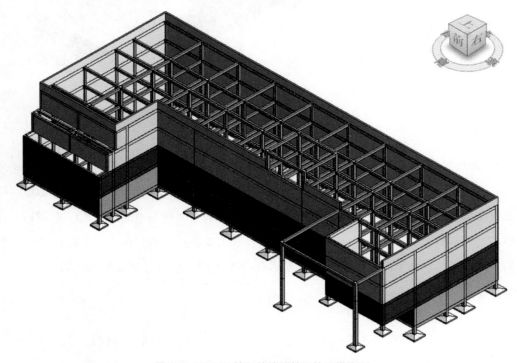

图 2-3-23　F4 楼层外墙修整后的三维视图

继续选用墙类型"基本墙：培训楼-F2~F4-外墙"，设置外墙【属性】→"顶部偏移"为"150.0"。设置墙"定位线"为"墙中心线"，选中"链"选项，设置"偏移"值为"135.0"。以①轴线与①轴线交点处作为墙绘制的起点，按图 2-3-24 所示，完成 F4 楼层楼梯间外墙的绘制，其三维效果如图 2-3-25 所示。

🔔 提示

当临时尺寸捕捉到墙时，Revit 提供的捕捉位置包含面、中心线、核心层中心。

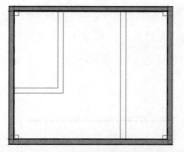

图 2-3-24　F4 楼层楼梯间外墙平面视图

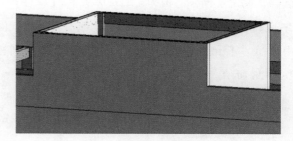

图 2-3-25　F4 楼层楼梯间外墙三维视图

> **🔔 提示**
>
> 基本墙的构造分层：
>
> - 结构 [1]：支撑其余墙、楼板或屋顶的层。
> - 衬底 [2]：作为其他材质基础的材质（例如胶合板或石膏板）。
> - 保温层/空气层 [3]：隔绝并防止空气渗透。
> - 涂膜层：通常用于防止水蒸气渗透的薄膜。涂膜层的厚度应该为 0。
> - 面层 1 [4]：面层 1 通常是外墙面层。
> - 面层 2 [5]：面层 2 通常是内墙面层。

任务二　创建叠层墙

1. 定义与绘制叠层墙

叠层墙作为另一种墙系统族，一般由不同的基本墙类型子墙构成。切换至室外地坪平面视图，使用【墙】工具，在类型列表中选择当前墙类型"基本墙：培训楼-F2~F4-外墙"。单击【编辑类型】，在"类型属性"对话框中，单击顶部"族"列表，选择墙族为"系统族：叠层墙"，复制出名称为"培训楼-叠层墙"的新类型。

叠层墙类型参数中仅有"结构"一个参数，单击"结构"参数后的【编辑】按钮，打开"编辑部件"对话框。如图 2-3-26 所示，设置墙"偏移"方式为"墙中心线"。在"类型"列表中，修改第 2 行"名称"为"培训楼-F1-外墙"，设置"高度"为"4200.0"，即此墙体为叠层墙垂直方向第一部分墙体；修改第 1 行"名称"为"培训楼-F2~F4-外墙"。单击【可变】按钮，设置该子墙高度为"可变"，即此墙体为叠层墙垂直方向其他所有墙体，其高度将根据叠层墙实际高度由"可变"高度子墙自动填充。其他参数不变，单击【确定】按钮，返回"类型属性"对话框，再单击【确定】按钮，退出"类型属性"对话框，完成叠层墙类型定义。

选用墙类型"叠层墙：培训楼-叠层墙"，设置墙"定位线"为"墙中心线"，选中"链选项，设置"偏移"值为"135.0"。在【属性】面板中设置"顶部偏移"为"1500.0"。按图2-3-27 所示，完成叠层墙的绘制。选择⑩轴线上的叠层墙，单击鼠标右键，在弹出的快捷菜单中选择"不允许连接"命令，使叠层墙与培训楼主体外墙不连接。叠层墙的三维效果如图2-3-28 所示。

图 2-3-26 叠层墙类型参数设置

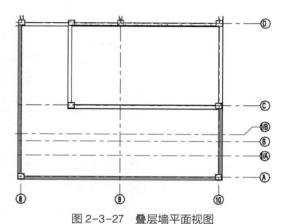

图 2-3-27 叠层墙平面视图

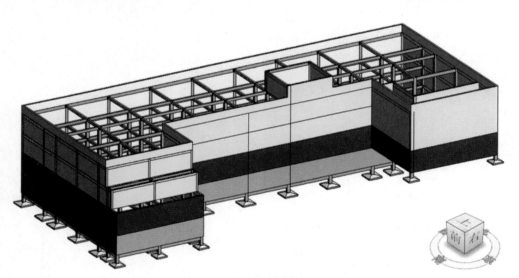

图 2-3-28 叠层墙的三维视图

2. 编辑墙轮廓

通过对墙轮廓进行编辑，创建任意立面形状的墙体。切换至东立面视图，单击【建筑】选项卡→【工作平面】面板→【参照平面】工具，在 F4 标高下方 500mm 放置参照平面 A，在Ⓐ轴线右方 300mm 放置参照平面 B，如图 2-3-29 所示。选择Ⓐ~Ⓒ轴线间的叠层墙，单击【修改│叠层墙】选项卡→【模式】面板→【编辑轮廓】工具，进入编辑轮廓模式，以粉红色线条显示墙立面轮廓形状。单击【绘制】面板→【线】工具，进入直线绘制状态。选中选项栏中的"链"选项，设置"偏移"值为"0.0"。按图 2-3-30 所示，沿参照平面 A、B，绘制轮廓线。

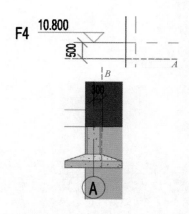

图 2-3-29　放置参照平面 *A*、*B*

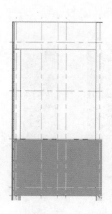

图 2-3-30　叠层墙东立面绘制轮廓线

单击【修改】面板→【修剪/延伸为角】🗂工具，按图 2-3-31 所示，修剪轮廓。单击【修改│叠层墙】选项卡→【模式】面板→【完成编辑模式】✔按钮，完成墙轮廓编辑，退出墙轮廓编辑模式。此时，重新生成新绘制轮廓形状的立面墙，如图 2-3-32 所示。

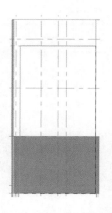

图 2-3-31　叠层墙东立面修剪轮廓

图 2-3-32　叠层墙东立面视图

⚠ **注意**

轮廓编辑线必须首尾相连，形成封闭状态，并且不能出现重叠线。

切换至南立面视图，选择⑧~⑩轴线间的叠层墙。单击【建筑】选项卡→【工作平面】面板→【参照平面】🗺工具，在⑩轴线左方 300mm 放置参照平面 *C*，在⑧轴线右方 300mm 放置参照平面 *D*，如图 2-3-33 所示。单击【修改│叠层墙】选项卡→【模式】面板→【编辑轮廓】📓工具，进入编辑轮廓模式，以粉红色线条显示墙立面轮廓形状。单击【绘制】面板→【线】╱工具，进入直线绘制状态。选中选项栏中的"链"选项，设置"偏移"值为"0.0"。按图 2-3-34

所示，沿参照平面 C、A、D，绘制轮廓线。

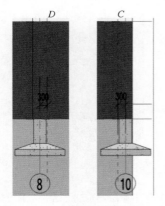

图 2-3-33　放置参照平面 C、D

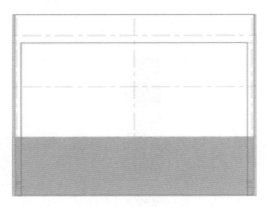

图 2-3-34　叠层墙南立面绘制轮廓线

使用【拆分图元】⟊工具修剪轮廓，拆分在室外地坪标高上的轮廓线，然后使用【修剪/
延伸为角】⟊工具，按图 2-3-35 所示，修剪轮廓。完成墙轮廓编辑后，退出墙轮廓编辑模式。
此时，重新生成新绘制轮廓形状的立面墙，如图 2-3-36 所示。

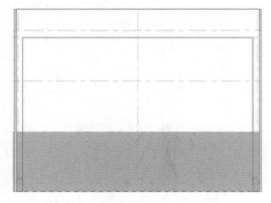

图 2-3-35　叠层墙南立面修剪轮廓

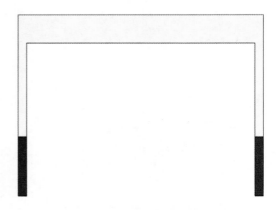

图 2-3-36　叠层墙南立面视图

对西侧的叠层墙进行轮廓修剪，当切换至西立面视图时，只能看到培训楼的西立面。此时切
换至任一楼层平面视图，单击西立面符号，出现"剖面定义视图线"，将其移动至⑥~⑦轴线间，
如图 2-3-37 所示。

上述操作完成后，再切换至西立面视图，选择Ⓐ~Ⓓ轴线间的叠层墙。按图 2-3-38 所示，
沿参照平面 C、A、D，绘制轮廓线。然后按图 2-3-39 所示，修剪轮廓。完成墙轮廓编辑后，西
立面的叠层墙如图 2-3-40 所示。

三面墙轮廓编辑后的叠层墙三维效果如图 2-3-41 所示。最后切换至任一楼层平面视图，将
"剖面定义视图线"复位。

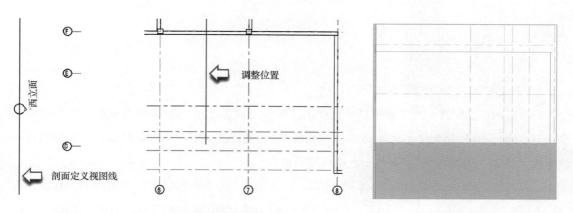

图 2-3-37 调整剖面定义视图线的位置　　　　　　图 2-3-38 叠层墙西立面绘制轮廓线

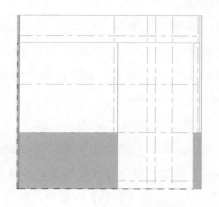

图 2-3-39 叠层墙西立面修剪轮廓

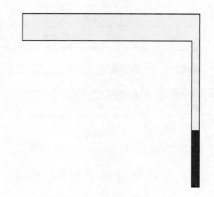

图 2-3-40 叠层墙西立面视图

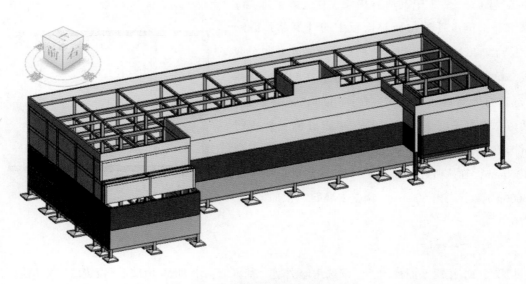

图 2-3-41 叠层墙修剪后的三维视图

任务三　创建内墙

1. 定义内墙与创建地下室内墙

在项目浏览器中打开地下室楼层平面视图，使用【墙】工具，在类型列表中选择当前墙类型"基本墙：内部-砌块墙190"。单击【编辑类型】，确认"类型属性"对话框墙体类型参数列表中的"功能"为"内部"，即表示此墙体用于室内。

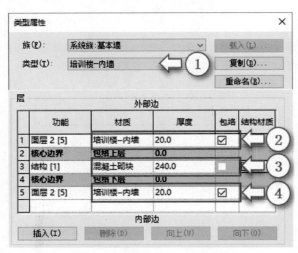

图2-3-42　地下室内墙材质及厚度修改对话框

在"类型属性"对话框中，复制"内部-砌块墙190"并命名为"培训楼-内墙"。调整内墙结构，打开"编辑部件"对话框，将第1行、第5行"面层2［5］"的"材质"调整为"培训楼-内墙粉刷"，"厚度"值修改为"20.0"；将第3行"结构［1］"的"厚度"值修改为"240.0"，如图2-3-42所示。

选用墙类型"基本墙：培训楼-内墙"，设置墙"定位线"为"面层面：外部"，选中"链"选项，设置"偏移"值为"0.0"；在【属性】面板中设置"顶部约束"为"直到标高：F1"。按图2-3-43所示，完成地下室内墙的绘制。

选择图2-3-43中的所有内墙，在【修改│墙】选项卡下，单击【剪贴板】面板中的【复制到剪贴板】工具或按Ctrl+C键，将所选外墙图元复制至剪贴板。单击【粘贴】工具下拉列表，在列表中选择"与选定的标高对齐"选项，在弹出的"选择标高"对话框中选择F1、F2、F3、F4，单击【确定】按钮将所选的内墙复制至F1~F4楼层。因地下室的楼层高为4200mm，确认所选复制至F1~F4楼层的内墙高度为3600mm。若高出600mm，调整内墙的"顶部偏移"为"0.0"。

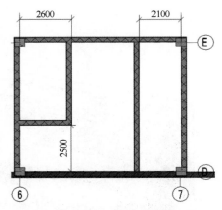

图2-3-43　地下室内墙平面视图

2. 创建F1楼层内墙

切换至F1楼层平面视图，继续选用墙类型"基本墙：培训楼-内墙"，设置墙"定位线"为"面层面：外部"，选中"链"选项，设置"偏移"值为"0.0"。在【属性】面板中设置"顶部约束"为"直到标高：F2"。按图 2-3-44 中蓝色路径所示，完成 F1 楼层第一部分内墙的绘制。若绘制的墙体在相反方向，可以先选择该段墙体，单击"修改墙的方向"⤵工具或按 Space 键，调整墙体在合适的方向位置。

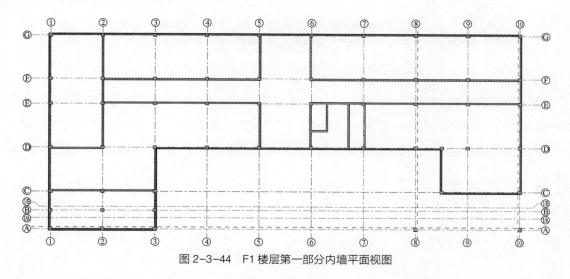

图 2-3-44　F1 楼层第一部分内墙平面视图

继续选用墙类型"基本墙：培训楼-内墙"，调整墙"定位线"为"墙中心线"，其他参数不变。按图 2-3-45 中蓝色路径所示，绘制 F1 楼层其余部分内墙。

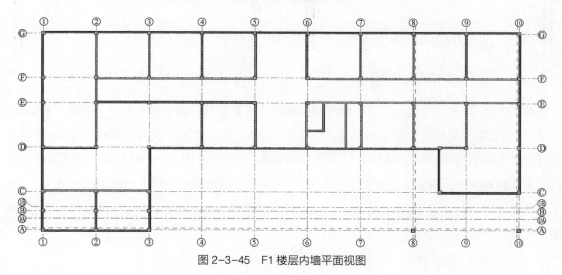

图 2-3-45　F1 楼层内墙平面视图

在 F1 楼层平面视图中②、③、Ⓕ、Ⓖ轴线所围合的区域内绘制洗手间。使用【参照平面】工具，在②～③轴线间的任意位置放置垂直方向的参照平面 E。单击【注释】选项卡→【尺寸标注】面板→【对齐】✐工具，进入尺寸标注状态，并切换至【修改 | 放置尺寸标注】选项卡。如图 2-3-46 所示，设置选项栏中的标注默认参照位置为"参照核心层中心"，拾取方式为"单个参照点"。

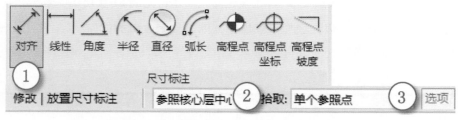

图 2-3-46　使用尺寸标注【对齐】工具

依次单击②轴线、参照平面 *E* 和③轴线，生成连续标注预览，单击空白处放置尺寸标注线，结果如图 2-3-47 所示。按 Esc 键两次，退出尺寸标注状态。选择上一步中所放置的尺寸线，单击尺寸线等分状态标记 EQ，等分标记状态变为 EQ，则参照平面 *E* 居中在②~③轴线间，如图 2-3-48 所示。

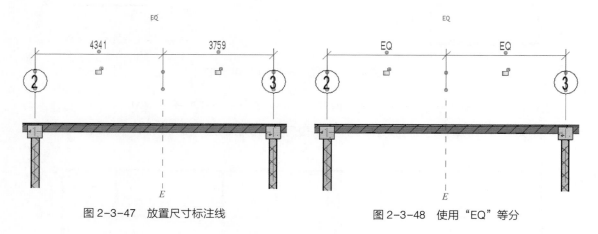

图 2-3-47　放置尺寸标注线　　　　　图 2-3-48　使用"EQ"等分

按图 2-3-49 所示，放置参照平面 *E~I*。使用【墙】工具，选用墙类型"基本墙：培训楼－内墙"，设置墙"定位线"为"面层面：外部"，选中"链"选项，设置"偏移"值为"0.0"。在【属性】面板中设置"顶部约束"为"直到标高：F2"。按图 2-3-50 所示，完成参照平面 *F~I* 上墙体的绘制，调整墙"定位线"为"墙中心线"，完成参照平面 *E* 上墙体的绘制。

选择参照平面 *E~I* 上的墙体，通过【复制到剪贴板】🗐工具及【粘贴】🗐工具，把这些内墙图元复制并粘贴至 F2 楼层。

3. 创建 F2 楼层内墙

选用墙类型"基本墙：培训楼－内墙"，设置墙"定位线"为"面层面：外部"，其他参数不变。在【属性】面板中设置"顶部约束"为"直到标高：F3"。按图 2-3-51 中蓝色路径所示，绘制 F2 楼层第一部分内墙，并调整墙体至合适的方向位置。通过【复制到剪贴板】🗐工具及【粘贴】🗐工具，把这些内墙图元复制并粘贴至 F3 楼层。

继续选用墙类型"基本墙：培训楼－内墙"，调整墙"定位线"为"墙中心线"，其他参数不变。按图 2-3-52 中蓝色路径所示，绘制 F2 楼层其余部分内墙。

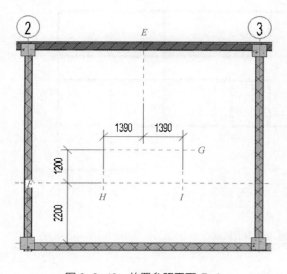

图 2-3-49　放置参照平面 E~I

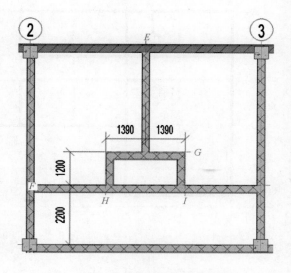

图 2-3-50　F1 楼层洗手间内墙平面视图

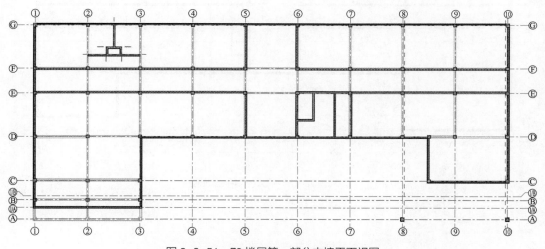

图 2-3-51　F2 楼层第一部分内墙平面视图

4. 创建 F3 楼层内墙

切换至 F3 楼层平面视图，继续选用墙类型"基本墙：培训楼-内墙"，设置墙"定位线"为"墙中心线"，其他参数不变。按图 2-3-53 中蓝色路径所示，完成 F3 楼层内墙的绘制。

> ⚠ **注意**
>
> 不同类型墙进行匹配，要修改的墙体的顶标高和底标高会随匹配目标类型改变。

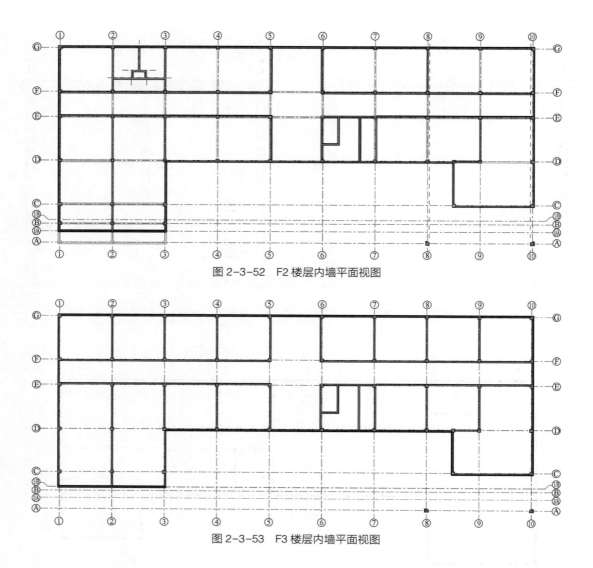

图 2-3-52 F2 楼层内墙平面视图

图 2-3-53 F3 楼层内墙平面视图

课 后 拓 展

一、单项选择题

1. Revit 中创建墙的方式是（　　）。

A. 绘制
B. 拾取线

C. 拾取面
D. 以上说法都对

2. 编辑墙体结构时，可以（　　）。

A. 添加墙体的材料层
B. 添加墙饰条

C. 修改墙体的厚度
D. 以上都可

3. 以下有关"墙"的说法描述有误的是（　　）。

A. 当激活"墙"命令以放置墙时，可以从"类型选择器"中选择不同的墙类型

B. 当激活"墙"命令以放置墙时，可以在"图元属性"中载入新的墙类型

C. 当激活"墙"命令以放置墙时，可以在"图元属性"中编辑墙属性

D. 当激活"墙"命令以放置墙时，可以在"图元属性"中新建墙类型

4. 以下哪个不是可设置的墙的类型参数？（　　）

A. 粗略比例填充样式
B. 复合层结构

C. 材质
D. 连接方式

5. 由于 Revit 中有内墙面和外墙面之分，最好按照哪种方向绘制墙体？（　　）

A. 顺时针
B. 逆时针

C. 根据建筑的设计决定
D. 顺时针或逆时针都可以

二、多项选择题

1. Revit 中进行图元选择的方式有哪几种？（　　）

A. 按鼠标滚轮选择
B. 按过滤器选择

C. 按 Tab 键选择
D. 单击选择

E. 框选

2. 创建结构墙，选项栏设置为 F1，高度设置为未连接，输入 3000 数值，偏移量 500，创建该建筑墙之后属性栏显示不正确的是（　　）。

A. 底部标高为"F1"，底部偏移为"500.0"，顶部标高为"F1"，顶部偏移为"3000.0"

B. 底部标高为"F1"，底部偏移为"3000.0"，顶部标高为"F1"，顶部偏移为"0.0"

C. 底部标高为"F1"，底部偏移为"0.0"，顶部标高为"F1"，顶部偏移为"3000.0"

D. 底部标高为"F1"，底部偏移为"0.0"，顶部标高为"F1"，顶部偏移为"500.0"

3. 当临时尺寸捕捉到墙时，Revit 提供的捕捉位置包含（　　）。

A. 面
B. 面中心

C. 中心线
D. 核心层中心

4. 下列属于 Revit 选项卡的是（　　）。

A. 建筑选项卡
B. 插件选项卡

C. 插入选项卡
D. 项目选项卡

E. 视图选项卡

5. 构成叠层墙的基本图元包括（　　）。

A. 基本墙
B. 墙饰条

C. 分割缝
D. 复合墙

E. 幕墙

三、实操题

以东莞职业技术学院校园建筑体为 BIM 建模对象，开展建筑 BIM 建模。本次任务要求如下：

1. 各小组参照 CAD 底图创建各建筑体的外墙、内墙等模型。

2. 以小组为单位提交模型文件，命名方式：楼栋号（如：实验楼 8A）。

> 🔍 思考
>
> 　　墙体用于建筑体的空间划分，为室内环境提供保护。对于现代建筑而言，墙体还需要满足绿色节能的要求，结合绿色建筑，谈谈建筑材料在绿色、节能、环保方面如何发挥作用。

项目四　楼　地　层

◇ 教学目标

通过本项目的学习，了解楼板、屋顶、天花板等楼地层的构件，认识楼板、屋顶、天花板的绘制规则，掌握楼板、屋顶、天花板的属性设置、创建与编辑的方法和步骤，完成培训楼楼地层的布置。

◇ 学习内容

重点：楼板、屋顶、天花板的创建与编辑方法

难点：楼板、屋顶、天花板的布置和绘制规则

楼地层由结构层和外表面层组成，是建筑物中用来分隔空间的水平构件，也是承重构件，并对墙体起水平支撑作用。楼地层应具有足够的强度和刚度以及隔声、防火、防水等性能，同时还应满足美观、经济和建筑工业化等方面的要求。

任务一　创建楼板

楼板用于分隔建筑体各层空间。在楼层平面视图中，通过 Revit 2021 的【楼板】工具绘制楼板的轮廓边缘草图，便能生成指定构造的楼板模型。

1. 创建室内楼板

在项目浏览器中打开地下室楼层平面视图，单击【建筑】选项卡→【构建】面板→【楼板】工具，进入创建楼层边界模式，切换至【修改 | 创建楼层边界】选项卡。单击【属性】面板中的【编辑类型】按钮，打开楼板"类型属性"对话框。设置当前族为"系统族：楼板"、当前类型为"常规-150mm"。单击类型列表后的【复制】按钮，在"名称"对话框中输入"培训楼-室内楼板"作为新的类型名称。按图 2-4-1 所示，对"培训楼-室内楼板"类型参数进行修改，完成后单击【确定】按钮两次退出"类型属性"对话框。

如图 2-4-2 所示，确认【绘制】面板中的绘制状态为"边界线"，绘制方式为"拾取墙"。设置选项栏中的"偏移"值为"0.0"，选中"延伸到墙中（至核心层）"选项。

移动鼠标光标依次单击Ⓖ、⑩、Ⓓ、③、Ⓐ、①轴线的外墙，沿外墙核心层外表面绘制。调

	功能	材质	厚度
1	面层 1 [4]	水泥砂浆	10.0
2	衬底 [2]	混凝土，现场浇注灰色	20.0
3	**核心边界**	**包络上层**	**0.0**
4	结构 [1]	混凝土 – 现场浇注混凝土	120.0
5	**核心边界**	**包络下层**	**0.0**

图 2-4-1　地下室楼板类型参数设置

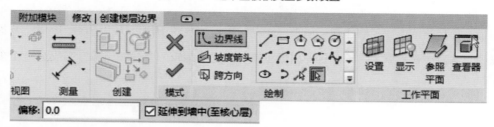

图 2-4-2　使用【楼板】工具

整绘制方式为"线"，在电梯井外墙核心层外表面绘制电梯底坑轮廓线，如图 2-4-3 所示，生成楼板轮廓线。确认两个轮廓线独立并首尾相连，单击【完成编辑模式】✔按钮，完成楼层边界绘制，生成地下室楼板。

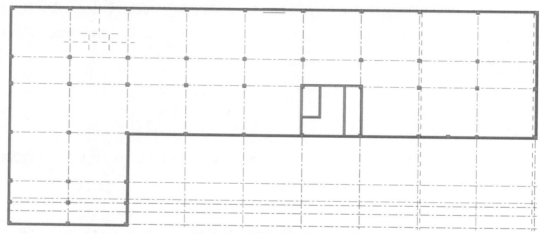

图 2-4-3　地下室楼层楼板轮廓线

　　在地下室楼层平面视图，使用【楼板】工具，进入创建楼层边界模式，在电梯井外墙核心层外表面绘制电梯底坑轮廓线，在【属性】面板设置"自标高的高度偏移"为"-1500.0"，生成电梯底坑楼板，如图 2-4-4 所示。按图 2-4-5 所示，使用【用间隙拆分】工具，拆分Ⓔ、⑥轴线的内墙为单独面墙，选择电梯井的 4 个面墙，调整其"底部偏移"为"-1600.0"。

> ⚠ **注意**
>
> 　　在电梯井区域不绘制轮廓编辑线，不生成室内楼板，使电梯井垂直方向打通。

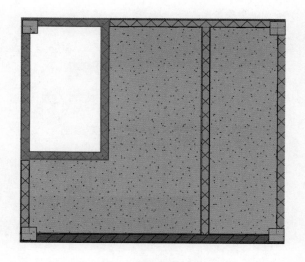

约束	⏫ ⏶
标高	地下室
自标高的高度...	−1500.0
房间边界	☑

图 2-4-4　"自标高的高度偏移"设置

图 2-4-5　调整电梯井 4 个面墙

切换至 F1 楼层平面视图，使用【楼板】工具，进入创建楼层边界模式，确认当前楼板类型为"培训楼–室内楼板"，标高为"F1"，"自标高的高度偏移"为"0.0"。如图 2-4-6 所示，绘制楼板轮廓线，所有轮廓线位于外墙核心层外表面。因为培训楼洗手间楼板面的沉降需求，所以洗手间楼板需要单独绘制。使用【修剪】工具修剪轮廓线，使其保持首尾相连。

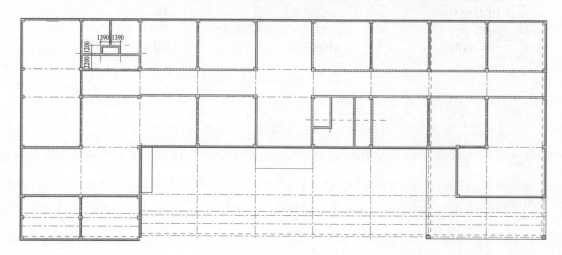

图 2-4-6　F1 楼层楼板轮廓线

单击【完成编辑模式】✔按钮，完成楼层边界绘制。由于所创建的边界线延伸至墙核心层外表面，楼板与墙体有相交部分，因此 Revit 2021 会给出询问对话框，如图 2-4-7 所示。单击【是】按钮，从墙中剪切楼板。此外，由于 Revit 2021 检测到部分外墙底部标高至 F1 标高间的墙图元，因此会给出如图 2-4-8 所示的询问对话框，单击【不附着】按钮，不附着墙至此楼板。

> 🔔 **提示**
>
> Revit 楼板形状编辑，只能对非倾斜楼板进行修改子图元操作。

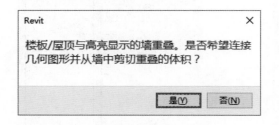

图 2-4-7　墙重叠处理对话框

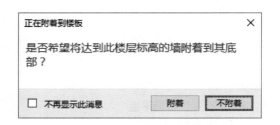

图 2-4-8　墙附着处理对话框

使用【楼板】工具，进入创建楼层边界模式，打开"类型属性"对话框，以"培训楼-室内楼板"为基础复制为"培训楼-洗手间楼板"。打开"编辑部件"对话框，把第 1 行"面层 1 [4]"的材质修改为"防潮"，其他参数不变，如图 2-4-9 所示。

	功能	材质	厚度
1	面层 1 [4]	防潮	10.0
2	衬底 [2]	混凝土，现场浇注灰色	20.0
3	核心边界	包络上层	0.0
4	结构 [1]	混凝土 – 现场浇注混凝土	120.0
5	核心边界	包络下层	0.0

图 2-4-9　F1 楼层楼板类型参数设置

确认【属性】面板中的"标高"为"F1"，修改"自标高的高度偏移"为"-20.0"，即洗手间楼板低于 F1 标高 20mm。按图 2-4-10 所示，绘制盥洗室楼板轮廓线，所有轮廓线位于外墙核心层外表面，完成后单击【完成编辑模式】 ✔ 按钮生成楼板。继续使用【楼板】工具，确认【属性】面板中的标高为"F1"，修改"自标高的高度偏移"为"-40.0"。按图 2-4-11 所示，绘制洗手间楼板轮廓线，所有轮廓线位于外墙核心层外表面，完成后单击【完成编辑模式】 ✔ 按钮生成楼板。此外，调整洗手间内的内墙"底部偏移"为"-40.0"，使洗手间内墙底部与洗手间楼板水平高度一致。

单击【注释】选项卡→【尺寸标注】面板→【高程点】 ⬦ 工具，在洗手间区域的各楼板上放置高程点，如图 2-4-12 所示。选择洗手间区域的盥洗室楼板和洗手间楼板，通过【复制到剪贴板】 ⧉ 工具及【粘贴】 ⧉ 工具，把这些楼板复制并粘贴至 F2 楼层。使用类似方式创建培训楼 F2~F4 楼层的其他室内楼板。从图 2-4-13 中的培训楼剖面可见室内楼板的三维视图效果。

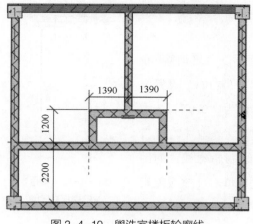

图 2-4-10 盥洗室楼板轮廓线

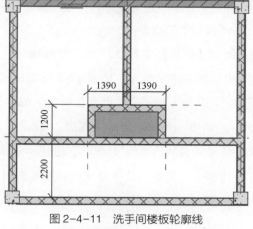

图 2-4-11 洗手间楼板轮廓线

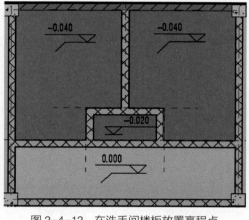

图 2-4-12 在洗手间楼板放置高程点

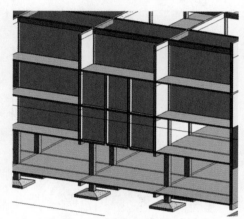

图 2-4-13 室内楼板三维视图

2. 创建室外楼板

在 F1 楼层平面视图，使用【楼板】工具，打开"类型属性"对话框，以"培训楼-室内楼板"为基础复制为"培训楼-室外楼板-600mm"，"功能"设置为"外部"。打开"编辑部件"对话框，对其类型参数进行修改，如图 2-4-14 所示。

	功能	材质	厚度
1	面层 1 [4]	水泥砂浆	20.0
2	衬底 [2]	混凝土，现场浇注灰色	30.0
3	**核心边界**	**包络上层**	**0.0**
4	结构 [1]	混凝土-现场浇注混凝土	550.0
5	**核心边界**	**包络下层**	**0.0**

图 2-4-14 室外楼板类型参数设置

设置绘制方式为"矩形"，设置选项栏中的"偏移"值为"0.0"，选中"延伸到墙中（至核心层）"选项，"标高"设置为"F1"，"自标高的高度偏移"为"-20.0"。分别在Ⓒ~Ⓓ轴线出入口（图 2-4-15）、⑤~⑥轴线南面出入口（图 2-4-16）、⑤~⑥轴线北面出入口（图 2-4-17）绘制轮廓线，轮廓线位于外墙核心层外表面，完成后单击【完成编辑模式】✔按钮生成楼板。

使用【楼板】工具，打开"类型属性"对话框，以"培训楼-室内楼板"为基础复制为"培训楼-室外楼板-150mm"，"功能"设置为"外部"，其他参数不变。设置选项栏中的"偏移"值为"0.0"，选中"延伸到墙中（至核心层）"选项，"标高"设置为"室外地坪"，"自标高的高度偏移"为"150.0"。在⑧~⑩轴线间绘制轮廓线，如图2-4-18所示，轮廓线位于外墙核心层外表面，完成后单击【完成编辑模式】✔按钮生成楼板。

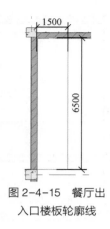

图2-4-15　餐厅出入口楼板轮廓线

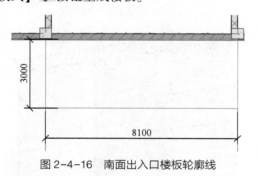

图2-4-16　南面出入口楼板轮廓线

图2-4-17　北面出入口楼板轮廓线

切换至F2楼层平面视图，使用"培训楼-室外楼板-150mm"楼板类型，设置选项栏中的"偏移"值为"0.0"，选中"延伸到墙中（至核心层）"选项，"标高"设置为"F2"，"自标高的高度偏移"为"0.0"。在F2楼层阳台①~③轴线间绘制轮廓线，如图2-4-19所示，轮廓线位于外墙核心层外表面，完成后单击【完成编辑模式】✔按钮生成楼板。切换至F3楼层平面视图，除"标高"设置为"F3"外，其他参数不变。在F3楼层阳台①~③轴线间绘制轮廓线，如图2-4-20所示，轮廓线位于外墙核心层外表面，完成后单击【完成编辑模式】✔按钮生成楼板。所生成的室外楼板三维效果如图2-4-21所示。

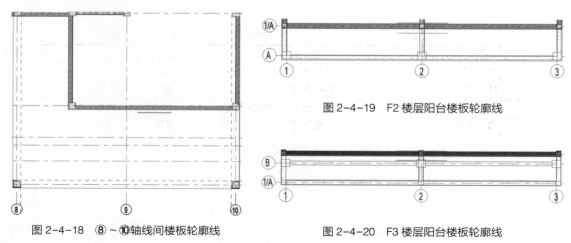

图2-4-18　⑧~⑩轴线间楼板轮廓线

图2-4-19　F2楼层阳台楼板轮廓线

图2-4-20　F3楼层阳台楼板轮廓线

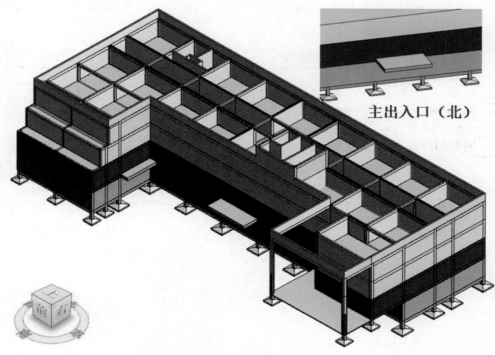

主出入口（北）

图 2-4-21　室外楼板三维视图

任务二　创建屋顶

Revit 2021 的创建屋顶方式包括：迹线屋顶、拉伸屋顶、面屋顶。下面以"迹线屋顶"的方式为培训楼添加屋顶。

1. 培训楼屋顶

在项目浏览器中打开 F4 楼层平面视图，单击【建筑】选项卡→【构建】面板→【屋顶】 工具，在下拉菜单选项列表中选择【迹线屋顶】工具，进入创建屋顶迹线模式，切换至【修改｜创建屋顶迹线】选项卡。

单击【属性】面板中的【编辑类型】按钮，打开屋顶"类型属性"对话框。设置当前族为"系统族：基本屋顶"、当前类型为"常规-125mm"。单击类型列表后的【复制】按钮，在"名称"对话框中输入"培训楼-屋顶"作为新的类型名称。按图 2-4-22 所示，对"培训楼-屋顶"的类型参数进行修改，第一层为"面层 2［5］"，厚度"可变"，完成后单击【确定】按钮两次退出"类型属性"对话框。

设置【属性】面板中屋顶"底部标高"为"F4"，"自标高的底部偏移"为"0.0"。确认【绘制】面板中绘制模式为"边界线"，绘制方式为"拾取墙"，不选中选项栏中的"定义坡度"选项，修改"悬挑"为"0.0"，选中"延伸到墙中（至核心层）"选项。按图 2-4-23 所示，绘制屋顶轮廓线，使用【修剪】工具使边界首尾相连。完成后单击【完成编辑模式】✅按钮，生成培训楼 F4 楼层楼板（屋顶）。

	功能	材质	厚度	包络	可变
1	面层 2 [5]	水泥砂浆	30.0	☐	☑
2	涂膜层	<按类别>	0.0	☐	☐
3	**核心边界**	**包络上层**	**0.0**		
4	结构 [1]	<按类别>	120.0	☐	☐
5	**核心边界**	**包络下层**	**0.0**		

图 2-4-22　F4 楼层楼板（屋顶）类型参数设置

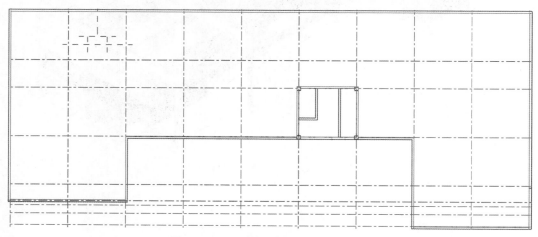

图 2-4-23　F4 楼层楼板（屋顶）轮廓线

⚠ **注意**

屋顶标高是指屋顶底面标高。在创建屋顶时，分两部分创建，一是 F4 楼层楼板，使用【屋顶】工具创建；二是屋顶楼层，即楼梯间的屋顶，也使用【屋顶】工具创建。

切换至屋顶楼层平面视图，选用"培训楼-屋顶"屋顶类型，使用"培训楼-室外楼板-150mm"，不选中选项栏中的"定义坡度"选项，修改"悬挑"为"600.0"，选中"延伸到墙中（至核心层）"选项。"底部标高"为"F4"，"自标高的高度偏移"为"0.0"。按图 2-4-24 所示，在屋顶楼层平面绘制轮廓线，屋顶在①轴上不生成"悬挑"，完成后单击【完成编辑模式】✅按钮生成楼板。

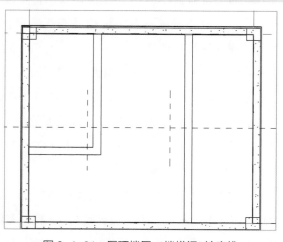

图 2-4-24　屋顶楼层（楼梯间）轮廓线

2. 修改屋顶图元

在屋顶楼层平面视图，使用【参照平面】工具，按图 2-4-25 所示，在培训楼屋顶绘制参照平面。选择培训楼屋顶，在【修改｜屋顶】选项卡的【形状编辑】面板中，提供了子图元编辑工具，如图 2-4-26 所示。

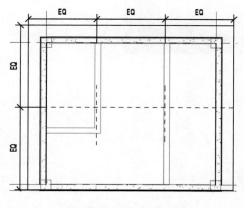

图 2-4-25　绘制屋顶楼层的参照平面

图 2-4-26　使用【修改子图元】工具

单击【形状编辑】面板→【添加点】工具，进入屋顶图元编辑模式，分别在两个参照平面的交点处单击添加点，新添加的点以蓝色显示，如图 2-4-27 所示。单击【形状编辑】面板→【添加分割线】工具，按图 2-4-28 所示，精准连接屋顶各点图元，新添加的分割线以蓝色显示。

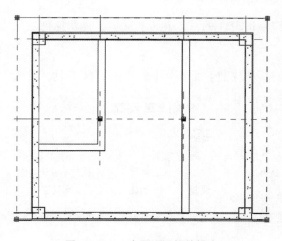

图 2-4-27　在屋顶添加编辑点

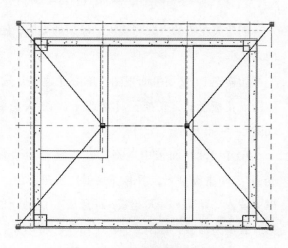

图 2-4-28　在屋顶添加分割线

单击【形状编辑】面板→【修改子图元】工具，鼠标光标变为 。单击中间的分割线，单击分割线高程值，修改高程值为"600"。修改所选分割线高于屋顶表面的标高 600mm，按 Esc 键退出修改子图元模式。单击【注释】选项卡→【尺寸标注】面板→【高程点坡度】 工具，移动鼠标光标至培训楼屋顶任意位置，查看屋顶坡度。所生成的屋顶三维效果如图 2-4-29 所示。

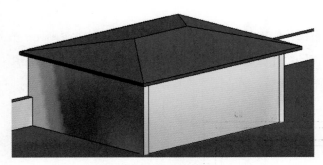

图 2-4-29　屋顶三维视图

任务三　创建天花板

创建天花板的方式与楼板、屋顶的类似，使用 Revit 2021 的【天花板】工具，能快速创建室内天花板。

切换至 F1 楼层平面视图，单击【建筑】选项卡→【构建】面板→【天花板】📇工具，进入编辑天花板模式，切换至【修改 | 放置 天花板】选项卡，如图 2-4-30 所示。

在【属性】面板中选择天花板类型为"复合天花板：光面"，单击类型列表后的【复制】按钮，在"名称"对话框中输入"培训楼-天花板-石膏板"作为新的类型名称，修改其类型参数，按图 2-4-31 所示，将第 4 行的"功能"

图 2-4-30　使用【天花板】工具

修改为"面层 1[4]"，其他参数不变，完成后单击【确定】按钮两次退出"类型属性"对话框。

	功能	材质	厚度
1	**核心边界**	**包络上层**	**0.0**
2	结构 [1]	<按类别>	45.0
3	**核心边界**	**包络下层**	**0.0**
4	面层 1 [4]	松散-石膏板	12.0

图 2-4-31　室内天花板类型参数设置

设置"自标高的高度偏移"为"2800.0"。天花板以底面为定位位置，即天花板的底面标高为当前楼层标高之上2800mm处。设置天花板创建方式为"自动创建天花板"。移动鼠标光标至培训楼房间任意位置，Revit 2021将自动搜索房间墙并显示红色边界。单击鼠标左键放置天花板，系统会提示"所创建的天花板图元在当前视图楼层平面中不可见"，这是因为天花板高度高于楼层视图的剖切高度，所以可不用理会并关闭此提示信息。

再使用【天花板】工具，在【属性】面板中选择天花板类型为"复合天花板：600mm×600mm轴网"，单击类型列表后的【复制】按钮，在"名称"对话框中输入"培训楼-天花板-扣板"作为新的类型名称，完成后单击【确定】按钮退出"类型属性"对话框。设置"自标高的高度偏移"为"2800.0"。移动鼠标光标至培训楼厨房、洗手间、盥洗室任意位置，如图2-4-32所示，单击鼠标左键放置天花板。使用相同方式完成F2～F3楼层天花板的创建。所生成的两种天花板三维效果如图2-4-33所示。

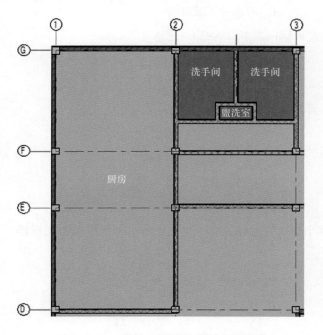

图2-4-32　厨房、洗手间、盥洗室天花板

图2-4-33　天花板三维视图

🔔 提示

　　在一层平面视图创建天花板，为何在此平面视图中看不见天花板？这是因为天花板位于楼层平面剖切平面之上，开启天花板平面可以看见。

课后拓展

一、单项选择题

1. 下列不能够通过编辑屋顶草图而实现的屋顶修改是（　　）。

A. 修改屋顶坡度   B. 修改拉伸屋顶高度

C. 向屋顶添加切口或洞口   D. 修改屋顶基准标高

2. 何种情况下可以使用编辑屋顶的顶点选项？（　　）

A. 屋顶坡度小于 30°时   B. 屋顶坡度大于 30°时

C. 屋顶坡度小于 0°时   D. 屋顶没有坡度时

3. 在一层平面视图创建天花板，为何在此平面视图中看不见天花板？（　　）

A. 默认情况下天花板不显示

B. 天花板的网格只在 3D 视图中显示

C. 天花板位于楼层平面剖切平面之上，开启天花板平面可以看见

D. 天花板只有渲染才看得见

4. 可以在以下哪个视图中绘制楼板轮廓？（　　）

A. 立面视图   B. 剖面视图

C. 楼层平面视图   D. 详图视图

5. 用"拾取墙"命令创建楼板，使用哪个键切换选择，可一次选中所有外墙，单击生成楼层边界？（　　）

A. Tab 键   B. Shift 键

C. Ctrl 键   D. Alt 键

二、多项选择题

1. 在天花板建立一个开口，不正确的方式是（　　）。

A. 修改天花板，将"开口"参数的值设为"是"

B. 修改天花板，编辑它的外侧回路的草图线，在其上产生曲折

C. 删除这个天花板，重新创建，使用坡度功能

D. 修改天花板，编辑它的草图加入另一个闭合的线回路

2. 对编辑子图元工具使用的描述哪项是正确的？（　　）

A. 编辑子图元工具仅对水平的楼板、迹线屋顶图元有效

B. 任何带有坡度的楼板图元，都将无法再编辑子图元

C. 若楼板已经添加了坡度箭头，当单击此楼板时，不会再出现【修改子图元】工具

D. 在创建迹线屋顶时，如果选中了"创建坡度"选项，即使坡度为0，也无法使用编辑子图元工具

3. Revit 提供的屋顶构件包含（　　　）。

A. 屋檐：底板　　　　　　　　　　B. 屋檐：山墙

C. 屋顶：封檐板　　　　　　　　　D. 屋顶：檩条

E. 屋顶：檐槽

4. 以下关于创建倾斜楼板的方向有（　　　）。

A. 在创建楼板边界的时候，绘制一个坡度箭头

B. 指定草图线的"相对基准的偏移"属性值

C. 指定草图线的"定义坡度"和"坡度"属性值

D. 在创建楼板边界的时候，绘制一个跨方向

E. 在创建楼板边界的时候，拾取不同标高的墙

5. 关于创建屋顶所在视图说法正确的是（　　　）。

A. 迹线屋顶可以在立面视图和剖面视图中创建

B. 迹线屋顶可以在楼层平面视图和天花板投影平面视图中创建

C. 拉伸屋顶可以在立面视图和剖面视图中创建

D. 拉伸屋顶可以在楼层平面视图和天花板投影平面视图中创建

E. 迹线屋顶和拉伸屋顶都可以在三维视图中创建

三、实操题

以东莞职业技术学院校园建筑体为 BIM 建模对象，开展建筑 BIM 建模。本次任务要求如下：

1. 各小组参照 CAD 底图创建各建筑体的楼板、屋顶、天花板等模型。

2. 以小组为单位提交模型文件，命名方式：楼栋号（如：实验楼 8A）。

🔍 **思考**

楼地层（楼板、屋顶、天花板等）是建筑物中用来分隔空间的水平构件，也是承重构件。在模型创建时，需要查看设计说明并确认相关信息，根据绘制规则完成模型创建。谈谈确认楼地层的位置、边界以及部分细部构造等信息对建模过程的重要性。

项目五　门、窗与幕墙

◇ 教学目标

通过本项目的学习，了解不同类型的门、窗、幕墙等构件，认识门、窗、幕墙的绘制规则，掌握门、窗、幕墙的属性设置、创建与编辑的方法和步骤，完成培训楼门、窗、幕墙的布置。

◇ 学习内容

重点：门、窗、幕墙的创建与编辑方法

难点：幕墙的布置和绘制规则

门、窗、幕墙是建筑体中常用构件，是建筑物围护结构系统中重要的组成部分。门是建筑物的出入口或安装在出入口能开关的装置，主要用于交通联系，并兼有采光、通风的作用。按材质分类，可分为木门、钢门、塑料门、铁门、铝木门、不锈钢门、玻璃门、PVC门、铝合金门等；按类型分类，可分为平开门、推拉门、移门、折叠门、隔断门、吊趟门等。窗在建筑物中主要是采光兼有通风的作用。它由窗框和窗扇两部分组成，按框料分类，可分为木窗、钢窗、铝合金窗、塑钢窗；按开启方式分类，可分为平开窗、悬窗、立转窗、推拉窗、固定窗等。幕墙是一个独立完整的整体结构体系，一般由金属构件与玻璃板组成，通常用于主体结构的外侧，一般覆盖在主体结构的表面。

任务一　创建门

1. 创建地下室门

在项目浏览器中打开地下室楼层平面视图，单击【建筑】选项卡→【构建】面板→【门】 工具，进入【修改 | 放置门】选项卡。在属性面板的"类型选择器"中，仅有默认的"单扇-与墙齐"门族，需要载入合适的门族供项目使用。单击【插入】选项卡中的【载入族】按钮，载入"课程资料 \ 项目 5 \ 双扇防火门 . rfa"族文件，如图 2-5-1 所示。当前门类型将自动设置为"双扇防火门：1800mm×2100mm 乙级"。

打开门"类型属性"对话框，复制出名称为"M1821"的新类型。修改"尺寸标注"中"宽度"值为"1800.0"，"高度"值为"2100.0"，"类型标记"为"M1821"，其他参数不变，如图 2-5-2 所示。设置完成后单击【确定】按钮退出"类型属性"对话框。

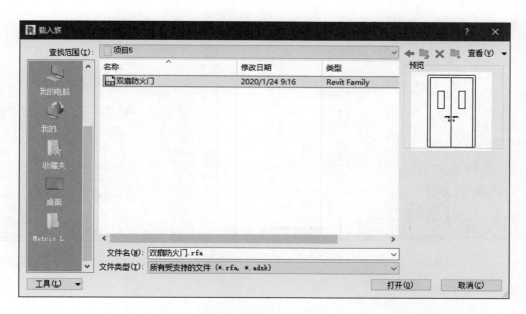

图 2-5-1　载入"双扇防火门：1800mm×2100mm 乙级"族文件

确认激活【修改｜放置门】→【标记】面板→【在放置时进行标记】按钮。移动鼠标至楼梯间的⑥轴线的内墙，该墙位置将显示放置门预览，设置门向右（即往楼梯间内）开启，按Space 键可反转门安装方向。在⑥轴线的内墙中距①轴线外墙 440mm 处单击鼠标左键放置门"M1821"，门标记可移动至适当位置，如图 2-5-3 所示。把门"M1821"复制粘贴至 F4 楼层。

通过【插入】选项卡→【载入族】工具，载入"课程资料\项目 5\电梯门.rfa"族文件，选择门类型为"电梯门：900mm_ 入口宽度"。按图 2-5-4

图 2-5-2　双扇防火门类型属性设置

所示位置要求，放置两个电梯门。放置好后，选择这两个电梯门，通过【复制到剪贴板】工具和【粘贴】工具下拉列表中"与选定的标高对齐"选项，把这两个电梯门复制粘贴至 F1、F2、F3 标高，将其放置在 F1、F2、F3 三个楼层。载入"课程资料\项目 5\单嵌板钢防火门.rfa"族文件，选择门类型为"单嵌板钢防火门：1000mm×2100mm"。在⑦轴线的内墙中距①轴线外墙 300mm 处放置门"M1021"，如图 2-5-5 所示。

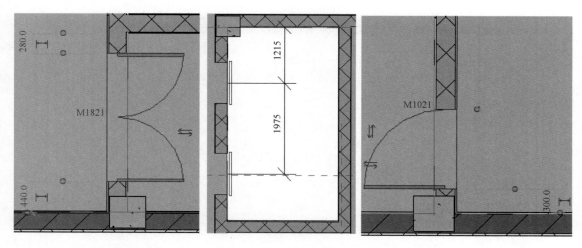

图 2-5-3　在楼梯间放置门"M1821"　图 2-5-4　在电梯间放置电梯门　图 2-5-5　在配电房放置门"M1021"

> ⚠ **注意**
>
> 由于族库包中的电梯门族文件不属于门族类别,可以通过【插入】→【载入族】→【构件】工具放置电梯门。

2. 创建 F1 楼层门

打开 F1 楼层平面视图,载入"课程资料\项目 5\双面嵌板连窗玻璃门 . rfa"族文件,打开门"类型属性"对话框,复制出名称为"M4021"的新类型。修改"尺寸标注"中"宽度"值为"4000.0","类型标记"为"M4021",其他参数不变。设置完成后单击【确定】按钮退出"类型属性"对话框。在Ⓒ、Ⓓ轴线间所在③轴线上的外墙中,按图 2-5-6 所示位置放置门"M4021"。

在门"类型属性"对话框,选择"双扇防火门:M1821"。在Ⓔ、Ⓕ轴线间所在②轴线上的内墙中放置门"M1821",如图 2-5-7 所示。

在门"类型属性"对话框,选择"门洞:3000mm×2250mm",复制出名称为"M2021"的新类型。修改"尺寸标注"中"宽度"值为"2000.0","高度"值为"2100.0","类型标记"为"M2021",其他参数不变。按图 2-5-8 和图 2-5-9 所示位置,放置门洞"M2021"。再从"M2021"复制出名称为"M3021"的新类型,修改"尺寸标注"中"宽度"值为"3000.0","类型标记"为"M3021",其他参数不变。在③、④轴线间所在Ⓔ轴线上的内墙中放置门洞"M3021",如图 2-5-8 所示。

选择洗手间出入口的门洞"M2021",复制粘贴至 F2 标高,把洗手间出入口门洞放置在 F2楼层。选择楼梯间出入口的门洞"M2021",复制粘贴至 F2、F3 标高,把楼梯间出入口门洞放置在 F2、F3 楼层。

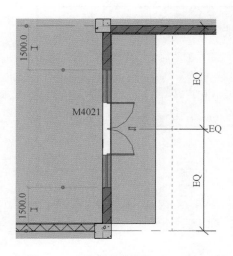

图 2-5-6　在餐厅放置门"M4021"

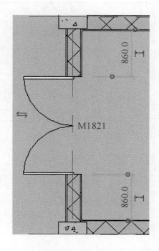

图 2-5-7　在厨房放置门"M1821"

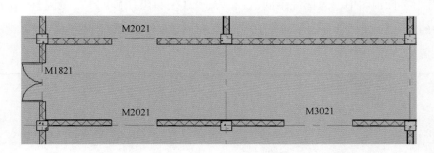

图 2-5-8　放置门洞"M2021"和门洞"M3021"

载入"课程资料\项目5\单嵌板木门.rfa"族文件,打开门"类型属性"对话框,复制出名称为"M0921"的新类型。修改"类型标记"为"M0921",其他参数不变。分别在厨房、餐厅包间、洗手间、办公室、配电房放置门"M0921",其所放的位置距其相邻最近的轴线300mm。选择门类型"单扇-与墙齐:600mm×2000mm",复制出名称为"M0621"的新类型,修改其"高度"值为"2100.0","类型标记"为"M0621",放置在盥洗室。门"M0921"和门"M0621"的开门方向和具体安装位置如图2-5-10所示。

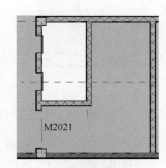

图 2-5-9　放置门洞"M2021"

⚙ **技巧**

　　通过使用【镜像-拾取轴】🔄工具,使用现有线或边作为镜像轴,对选定的图元进行复制并反转至镜像的对应位置。

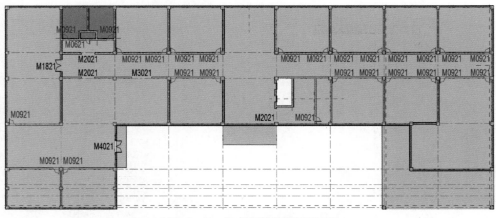

图 2-5-10　F1 楼层门放置的平面图

3. 创建 F2 及以上楼层门

在 F1 楼层平面视图中，选择洗手间的门"M0921"和门"M0621"，复制粘贴至 F2 楼层，选择配电房的门"M0921"，复制粘贴至 F2、F3、F4 楼层。打开 F2 楼层平面视图，按图 2-5-11 所示位置放置门"M0921"。

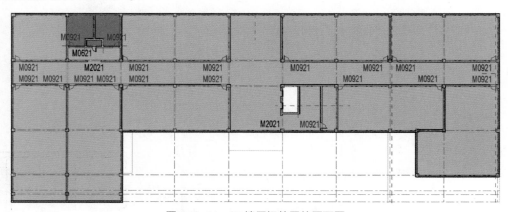

图 2-5-11　F2 楼层门放置的平面图

载入"课程资料\项目 5\四扇推拉门.rfa"族文件，打开门"类型属性"对话框，复制出名称为"M3621"的新类型。修改"类型标记"为"M3621"，其他参数不变。按图 2-5-12 所示位置，在 F2 楼层阳台放置门"M3621"。

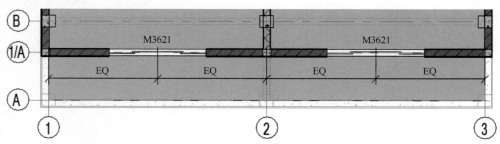

图 2-5-12　在 F2 楼层阳台放置门"M3621"

打开 F3 楼层平面视图，按图 2-5-13 所示位置放置门 "M0921"，按图 2-5-14 所示位置放置门 "M3621"。

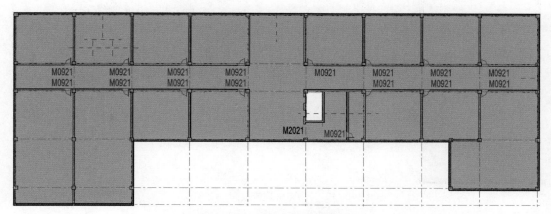

图 2-5-13　F3 楼层门放置的平面图

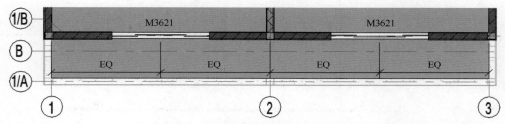

图 2-5-14　在 F3 楼层阳台放置门 "M3621"

任务二　创建窗

1. 创建 F1 楼层窗

打开 F1 楼层平面视图，载入 "课程资料\项目 5\组合窗-双层单列（固定+推拉+固定）.rfa" 族文件，打开窗 "类型属性" 对话框，复制出名称为 "C1816" 的新类型。修改 "尺寸标注" 中 "高度" 值为 "1600.0"，"上部窗扇高度" 值为 "400.0"，"类型标记" 为 "C1816"，其他参数不变。设置完成后单击【确定】按钮退出 "类型属性" 对话框。按图 2-5-15 所示位置放置窗 "C1816"。

载入 "课程资料\项目 5\组合窗-双层四列（两侧平开）-上部固定.rfa" 族文件，打开窗 "类型属性" 对话框，复制出名称为 "C4016" 的新类型。修改 "尺寸标注" 中 "宽度" 值为 "4000.0"，"高度" 值为 "1600.0"，"上部窗扇高度" 值为 "400.0"，"类型标记" 为 "C4016"，其他参数不变。设置完成后单击【确定】按钮退出 "类型属性" 对话框。按图 2-5-16 所示位置放置窗 "C4016"。

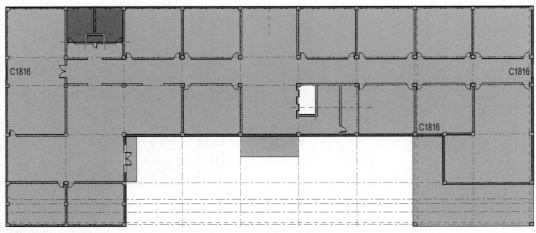

图2-5-15　在F1楼层放置窗"C1816"

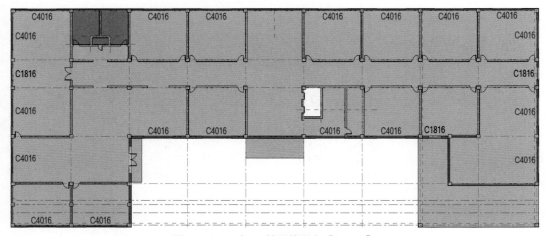

图2-5-16　在F1楼层放置窗"C4016"

⚠ **注意**

　　放置窗时应注意安装位置和开窗方向，双箭头符号⇕在窗外位置时，可通过单击⇕切换至窗内位置，也可选择窗户后按Space键进行切换。

　　载入"课程资料\项目5\推拉窗-带贴面.rfa"族文件，打开窗"类型属性"对话框，复制出名称为"C1516"的新类型。修改"尺寸标注"中"高度"值为"1600.0"，"默认窗台高度"值为"900.0"，"类型标记"为"C1516"，其他参数不变。设置完成后单击【确定】按钮退出"类型属性"对话框。在男女洗手间的外墙位置分别放置窗"C1516"。

　　2. 创建F2及以上楼层窗

　　在F1楼层平面视图中，在ⓒ轴线与①轴线交点左上方的空白处单击并按住鼠标左键不放，向视图右下角拖动鼠标光标，到ⓒ轴线与⑩轴线交点右下方的空白处时松开鼠标，绘制虚线选择框，单击【过滤器】 ，选中"窗"和"窗标记"，如图 2-5-17 所示，单击【确定】按钮，然后单击【复制到剪贴板】 工具。

打开 F2 楼层平面视图，单击【粘贴】 工具下拉列表，在列表中选择"与当前视图对齐"，使窗和窗标记粘贴至 F2 楼层对应位置。在ⓒ、ⓓ轴线之间所在③轴线上的外墙中，按图 2-5-18 所示位置放置窗"C4016"。

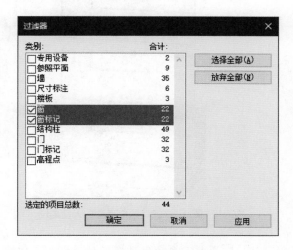

图 2-5-17　复制窗和窗标记

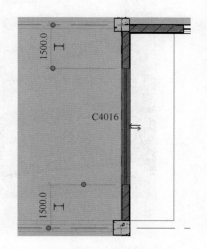

图 2-5-18　放置窗"C4016"

重复以上操作，复制 F2 楼层所有窗和窗标记至 F3 楼层。打开 F3 楼层平面视图，选择楼梯间外墙的窗"C4016"，复制此窗和窗标记至 F4 楼层。

任务三　创建幕墙

1. 添加幕墙

切换至 F1 楼平面视图，使用【墙】工具，打开墙"类型属性"对话框。设置当前族为"系统族：幕墙"、墙类型为"幕墙"，复制出名称为"培训楼-出入口幕墙"的新类型，选中"自动嵌入"选项，确认绘制方式为"线"。设置选项栏中的"高度"为"F4"，选中"链"选项，设置"偏移"值为"0.0"，"顶部偏移"为"-800.0"。从⑤轴线和ⓒ轴线交点处开始，绘制北面出入口幕墙，至⑥轴线和ⓒ轴线交点处结束，如图 2-5-19 所示。从⑤轴线和ⓓ轴线交点处开始，绘制南面出入口幕墙，至⑥轴线和ⓓ轴线交点处结束，如图 2-5-20 所示。

2. 手动划分幕墙网格

幕墙由幕墙嵌板、幕墙网格和幕墙竖梃组成。幕墙网格划分是幕墙编辑的基础。选择⑤~⑥轴线间北面出入口处幕墙图元，单击视图控制栏中的【临时隐藏/隔离】 按钮，在弹出的菜单中选择"隔离图元"命令，视图中仅显示所选择的培训楼北面出入口幕墙。

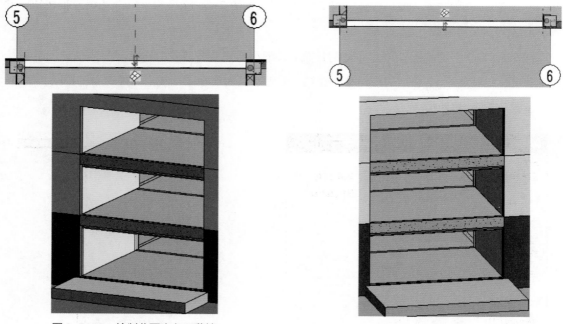

图 2-5-19　绘制北面出入口幕墙　　　　　　　　图 2-5-20　绘制南面出入口幕墙

单击【建筑】选项卡→【构建】面板→【幕墙网格】▦工具，系统自动切换至【修改 | 放置 幕墙网格】选项卡，单击选择【放置】面板中的【全部分段】选项，如图 2-5-21 所示。

图 2-5-21　使用【幕墙网格】工具

移动鼠标光标至幕墙水平方向边界位置，将显示垂直于光标处幕墙网格的虚线；移动鼠标光标至幕墙垂直方向边界位置，将显示垂直于光标处幕墙网格的虚线。按图 2-5-22 所示，创建垂直和水平幕墙网格。单击最下方的水平幕墙网格线，选择【修改 | 放置 幕墙网格】选项卡→【幕墙网格】面板→【添加/删除线段】▬工具。移动鼠标光标至对应的水平网格位置并单击，删除单击位置处的水平网格段，修改结果如图 2-5-23 所示。移动鼠标光标至对应的垂直网格位置并单击，删除单击位置处的垂直网格段，修改结果如图 2-5-24 所示。

再使用【建筑】选项卡→【构建】面板→【幕墙网格】工具，选择【修改 | 放置 幕墙网格】选项卡→【放置】面板→【一段】▬按钮，按图 2-5-25 所示，在两侧的垂直幕墙网格生成水平幕墙轴网，再按图 2-5-26 所示，在中间的垂直幕墙网格生成水平幕墙轴网。

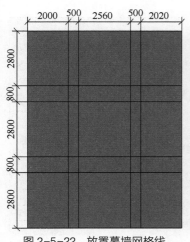
图 2-5-22　放置幕墙网格线

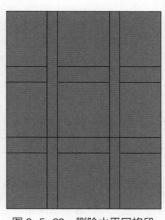
图 2-5-23　删除水平网格段

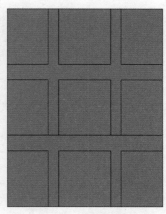
图 2-5-24　删除垂直网格段

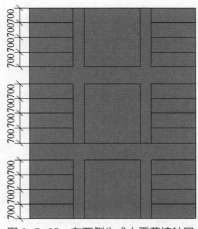
图 2-5-25　在两侧生成水平幕墙轴网

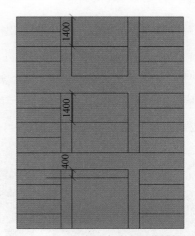
图 2-5-26　在中间生成水平幕墙轴网

3. 设置幕墙嵌板

根据幕墙网格形状划分为独立的幕墙嵌板，通过"系统嵌板族"设置出入口处幕墙门和墙体的幕墙嵌板。隔离显示北面出入口处幕墙，移动鼠标光标至图 2-5-27 所示出入口幕墙底部网格处，循环按 Tab 键，直到网格嵌板高亮显示时，单击鼠标左键选择该嵌板。单击【属性】面板中的【编辑类型】按钮，在"类型属性"对话框中单击【载入】按钮，载入"课程资料 \ 项目 5 \ 门嵌板-双嵌板无框铝门 .rfa"族文件。选择"门嵌板_双嵌板无框铝门：有横档"类型，复制生成"培训楼-出入口幕墙门"的新类型，如图 2-5-28 所示。单击【确定】生成如图 2-5-29 所示的幕墙嵌板。

⚠ **注意**

出入口处幕墙网格被"培训楼-出入口幕墙门"嵌板替换后，在平面视图中显示为门平面符号，并确保开门方向往内。

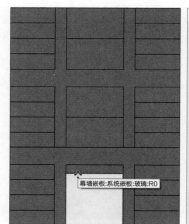
图 2-5-27　选择门网格嵌板

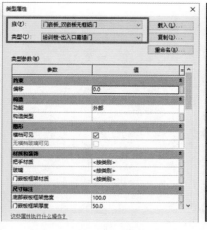
图 2-5-28　门嵌板类型设置

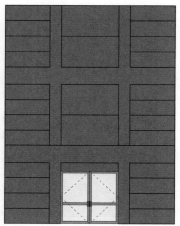
图 2-5-29　新幕墙嵌板

　　移动鼠标光标至图 2-5-30 所示出入口幕墙网格处，循环按 Tab 键，直到图中的嵌板高亮显示时，单击鼠标左键选择该嵌板。在【属性】面板中选择"基本墙：培训楼-F1-外墙"类型，替换原嵌板，按幕墙嵌板轮廓生成外墙，如图 2-5-31 所示。使用以上相同方法，按图 2-5-32 所示，把幕墙嵌板替换为"基本墙：培训楼-F2~F4-外墙"类型。切换至 F1 楼层平面，确保所替换的基本墙嵌板与"培训楼-F1-外墙"对齐。

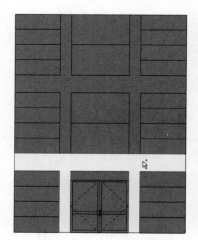
图 2-5-30　选择网格嵌板

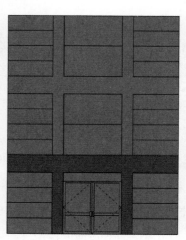
图 2-5-31　F1 外墙嵌板

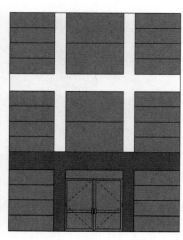
图 2-5-32　F2~F4 外墙嵌板

4. 添加幕墙竖梃

　　幕墙竖梃是沿幕墙网格生成的实体模型。隔离显示北面出入口处幕墙，单击【建筑】选项卡→【构建】面板→【竖梃】 工具，系统自动切换至【修改 | 放置 竖梃】选项卡。确认【属性】面板中竖梃类型为"矩形竖梃：50mm×150mm"。单击选择【放置】面板中的【全部网格线】选项，如图 2-5-33 所示。

　　移动鼠标光标至幕墙任意网格处，所有幕墙网格线均高亮显示，单击任意网格线，沿所有幕墙网格线生成竖梃。完成后按 Esc 键，退出放置竖梃模式。循环按 Tab 键，直到选择"幕墙门"顶部竖梃，按 Delete 键删除该竖梃，使用相同方法删除打断墙"培训楼-F1-外墙"和"培训楼-F2~F4-外墙"嵌板的所有竖梃共 11 处，如图 2-5-34 所示，使墙体保持连续。选择北面出入口幕墙图元，打开

图 2-5-33　使用【竖梃】工具

"类型属性"对话框，修改竖梃"连接条件"为"边界和垂直网格连续"选项，即保持竖梃在边界和垂直方向的网格连续，水平方向网格被打断，如图 2-5-35 所示。参照以上方法或通过【镜像】工具，创建南面出入口处幕墙。

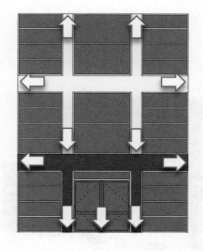

图 2-5-34　竖梃放置位置

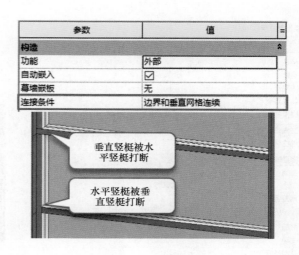

图 2-5-35　竖梃连接条件

5. 自动生成幕墙

Revit 2021 可以规则批量生成幕墙网格，并根据幕墙类型属性设置自动替换幕墙嵌板和生成幕墙竖梃。切换至 F1 楼层平面视图，使用【墙】工具，选择墙类型"培训楼-出入口幕墙"，复制生成"培训楼-东南侧幕墙"的新类型，确认绘制方式为"线"。设置选项栏中的"高度"为"F2"，选中"链"选项，设置"偏移"值为"0.0"，"顶部偏移"为"-800.0"。在⑧~⑩轴线和ⓒ~ⓓ轴线区域的墙体绘制幕墙，如图 2-5-36 所示。

选择其中一面幕墙，打开幕墙"类型属性"对话框。按图 2-5-37 所示，设置"垂直网格"样式参数分组中的"布局"方式为"固定距离"，"间距"为"3000.0"，即垂直网格间距为3000mm。设置"水平网格"样式参数分组中的"布局"方式为"固定距离"，"间距"为"1400.0"，即垂直网格间距为1400mm。其他参数不变，完成后单击【确定】并退出对话框。网格将按指定的间距沿幕墙自动生成，如图 2-5-38 所示。

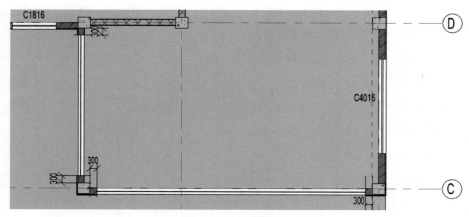

图 2-5-36　绘制幕墙

类型参数(M)		
参数	**值**	**=**
构造		≫
功能	外部	
自动嵌入	☑	
幕墙嵌板	无	
连接条件	边界和垂直网格连续	
材质和装饰		≫
结构材质		
垂直网格		≫
布局	固定距离	
间距	3000.0	
调整竖梃尺寸	☑	
水平网格		≫
布局	固定距离	
间距	1400.0	
调整竖梃尺寸	☑	

图 2-5-37　幕墙类型设置

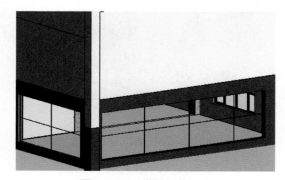

图 2-5-38　幕墙三维视图

系统默认幕墙的绘制起点作为水平网格的间距起点，以 3000mm 为单位放置水平方向网格，垂直网格的放置也是相同原理。选择南面幕墙图元，幕墙图元中间位置显示"配置轴网布局"◇标记。单击该标记，进入幕墙系统网格布局编辑模式。水平和垂直网格间距的计算起点位于幕墙 UV 坐标位置。如图 2-5-39 所示，幕墙 UV 坐标在幕墙图元的左下角，在 U 方向以 3000mm 为单位生成水平网格，由于总长度原因最后一个水平网格间距限于 2000mm。

修改 UV 坐标系，使其位于幕墙底部边界中心位置，水平网格将会重新布局，如图 2-5-40 所示。使用相同方法，对另一面幕墙的水平网格进行重新布局。

载入"课程资料\项目 5\点爪式幕墙嵌板 .rfa"族文件。选择"培训楼-东南侧幕墙"，打开其"类型属性"对话框，按图 2-5-41 修改参数。修改类型参数列表中的"幕墙嵌板"为"点爪式幕墙嵌板 1：点爪式幕墙嵌板 1"，即"培训楼-东南侧幕墙"的实例嵌板为点爪式幕墙嵌板。设置"垂直竖梃"参数分组中的"内部类型"为"矩形竖梃：50mm×150mm"，设置"水

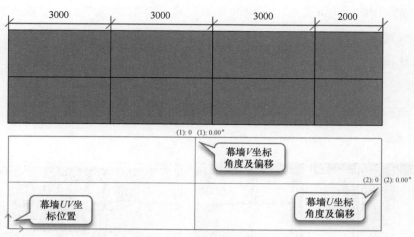

图 2-5-39　幕墙 *UV* 坐标

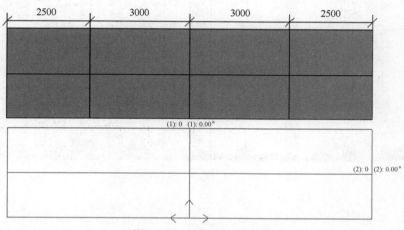

图 2-5-40　修改 *UV* 坐标系

类型参数(M)		
参数	值	=
构造		⌃
功能	外部	
自动嵌入	☑	
幕墙嵌板	点爪式幕墙嵌板1：点爪式幕墙嵌板	
连接条件	边界和垂直网格连续	
垂直竖梃		⌃
内部类型	矩形竖梃：50mm x 150mm	
边界 1 类型	无	
边界 2 类型	无	
水平竖梃		⌃
内部类型	矩形竖梃：50mm x 150mm	
边界 1 类型	矩形竖梃：50mm x 150mm	
边界 2 类型	矩形竖梃：50mm x 150mm	

图 2-5-41　点爪式幕墙嵌板类型设置

平竖梃"参数分组中的"内部类型""边界1类型"和"边界2类型"皆为"矩形竖梃：50mm×150mm"，其他参数不变。

　　幕墙与实体墙连接处未生成任何竖梃。选择"竖梃"工具，设置竖梃放置方式为【网格线】。在类型属性中，设置竖梃当前样式为"矩形竖梃：50mm×150mm"。分别单击幕墙与实体墙连接位置，矩形竖梃即可生成。通过【复制到剪贴板】⬚工具和【粘贴】⬚工具，把F1楼层东南侧幕墙复制至F2、F3楼层，如图2-5-42所示。

图2-5-42　点爪式幕墙嵌板三维视图

> ⚠ **注意**
>
> 　　若Revit 2021族库包中的文件不全，需要重新安装族库包，确保族库包的完整。

课后拓展

一、单项选择题

1. 墙、门、窗属于（　　）。

A. 施工图构件　　　　　　　　　　　B. 模型构件

C. 标注构件　　　　　　　　　　　　D. 体量构件

2. 可以将门标记的参数改为（　　）。

A. 门族的名称　　　　　　　　　　　B. 门族的类型名称

C. 门的高度　　　　　　　　　　　　D. 以上都可

3. 使用什么方法可以完成如下图所示类似幕墙的屋顶模型制作？（　　）

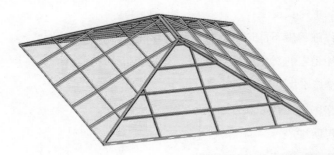

A. 制作幕墙　　　　　　　　　　　　B. 制作屋顶，并将材质设置为玻璃

C. 制作屋顶，并将类型设置为玻璃斜窗　　D. 使用面屋顶，并设置幕墙网格

4. 以下说法有误的是（　　）。

A. 可以在平面视图中移动、复制、阵列、镜像、对齐门和窗

B. 可以在立面视图中移动、复制、阵列、镜像、对齐门和窗

C. 不可以在剖面视图中移动、复制、阵列、镜像、对齐门和窗

D. 可以在三维视图中移动、复制、阵列、镜像、对齐门和窗

5. 在平面视图中创建门之后，按以下哪个键能切换门的方向？（　　）

A. Shift 键　　　　　　　　　　　　B. Alt 键

C. Space 键　　　　　　　　　　　　D. Enter 键

二、多项选择题

1. 关于弧形墙，下面说法错误的是（　　）。

A. 弧形墙不能直接插入门和窗　　　　B. 弧形墙不能应用"编辑轮廓"命令

C. 弧形墙不能应用"附着顶/底"命令　　　　D. 弧形墙不能直接开洞

E. 弧形墙可以直接开洞

2. 幕墙类型属性对话框中连接条件的设置包含哪些？（　　　）

A. 自定义　　　　　　　　　　　　　　B. 垂直网格连续

C. 水平网格连续　　　　　　　　　　　D. 边界网格连续

E. 边界和垂直网格连续

3. 在幕墙放置竖梃时，可以选择以下哪些方式？（　　　）

A. 拾取一条网格线　　　　　　　　　　B. 拾取单段网格线

C. 除拾取外的全部网格线　　　　　　　D. 按 Tab 键拾取的网格线

E. 全部网格线

4. 以下关于创建倾斜楼板的方向有（　　　）。

A. 用"注释—构件—图例构件"命令，从"族"下拉列表中选择该窗类型

B. 可选择图例的"视图"方向

C. 可设置图例的主体长度值

D. 图例显示的详细程度不能调节，总是和其在视图中的显示相同

E. 窗的尺寸标注是它的类型属性

5. 下面关于幕墙竖梃说法错误的是（　　　）。

A. 控制竖梃连接的方法合并和打断

B. 不能创建竖梃明细表

C. 竖梃的角度可接受的范围是−90°～90°

D. 可以为竖梃创建自定义轮廓，但是竖梃轮廓族不可以包含详图构件

三、实操题

以东莞职业技术学院校园建筑体为 BIM 建模对象，开展建筑 BIM 建模。本次任务要求如下：

1. 各小组参照 CAD 底图创建各建筑体的门、窗、幕墙等模型。

2. 以小组为单位提交模型文件，命名方式：楼栋号（如：实验楼 8A）。

> 🔍 思考
>
> 　　门、窗、幕墙作为建筑体中常用构件，种类繁杂，工艺技术要求高，其安装更要注重规范细节。在创建幕墙模型时，每一步骤都须细致规范。谈谈个人对本项目幕墙的"精雕细琢"有何感受。

项目六　扶栏、楼梯及坡道

◇ 教学目标

通过本项目的学习，了解不同类型的扶栏、楼梯、坡道等构件，了解扶栏、楼梯、坡道的绘制规则，掌握扶栏、楼梯、坡道的属性设置、创建与编辑的方法和步骤，完成培训楼扶栏、楼梯、坡道的布置。

◇ 学习内容

重点：扶栏、楼梯、坡道的创建与编辑方法

难点：扶栏、楼梯、坡道的属性编辑

楼梯在建筑物中作为楼层间垂直交通用的构件，是供楼层间上下步行的交通通道。楼梯一般由梯段、平台、栏杆扶手三部分组成。楼梯梯段是连接两个不同标高平台的倾斜构件，由若干个踏步组成；楼梯平台是连接两梯段之间的水平部分；栏杆扶手是布置在楼梯梯段和平台边缘处的安全围护构件。坡道是使行人在地面上进行高度转化的重要方法，由于使用或其他原因，无法建造台阶时，可以采用坡道来应对高度的变化。

任务一　创建扶栏

打开F2楼层平面视图，调整视图区域至①~③轴线之间的阳台。单击【建筑】选项卡→【楼梯坡道】面板→【栏杆扶手：绘制路径】工具，如图2-6-1所示，切换至【修改｜创建栏杆扶手路径】选项卡，进入创建栏杆扶手草图模式。

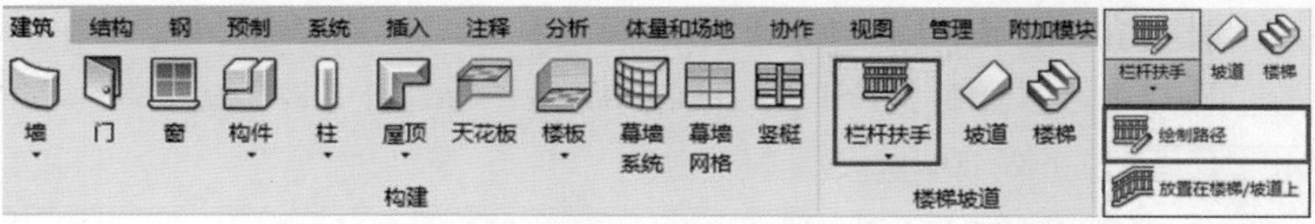

图2-6-1　使用【栏杆扶手】工具

在【属性】面板单击【编辑类型】按钮，在“类型属性”对话框中，设置当前族为“系统族：栏杆扶手”、当前类型为“玻璃嵌板-底部填充”，复制生成“培训楼-阳台扶栏”的新类型，如图2-6-2所示。

图 2-6-2　"培训楼-阳台扶栏"新类型

在"类型参数"的"顶部扶栏"中，调整"高度"为"1200.0"，如图 2-6-3 所示。"扶栏结构（非连续）"用于设置栏杆扶手系统中水平扶栏的高度、材质、轮廓和偏移，如图 2-6-4 所示。"栏杆位置"用于将栏杆放置在与栏杆扶手中水平扶栏不同的平面中，如图 2-6-5 所示。

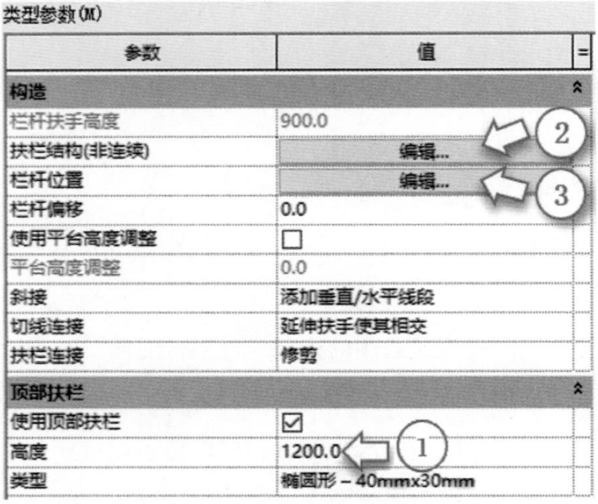

类型参数(M)		
参数	值	=
构造		⌃
栏杆扶手高度	900.0	
扶栏结构(非连续)	编辑...	②
栏杆位置	编辑...	③
栏杆偏移	0.0	
使用平台高度调整	☐	
平台高度调整	0.0	
斜接	添加垂直/水平线段	
切线连接	延伸扶手使其相交	
扶栏连接	修剪	
顶部扶栏		⌃
使用顶部扶栏	☑	
高度	1200.0	①
类型	椭圆形 – 40mm×30mm	

图 2-6-3　扶栏类型参数设置

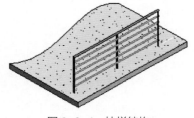

图 2-6-4　扶栏结构

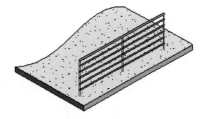

图 2-6-5　栏杆位置

编辑"扶栏结构（非连续）"，阳台栏杆除了顶部扶栏，还包括"扶栏 1"，其参数设置如图 2-6-6 所示。"材质"使用"不锈钢"，在材质浏览器中，在"不锈钢"的"图形：着色"选项中选中"使用渲染外观"选项。

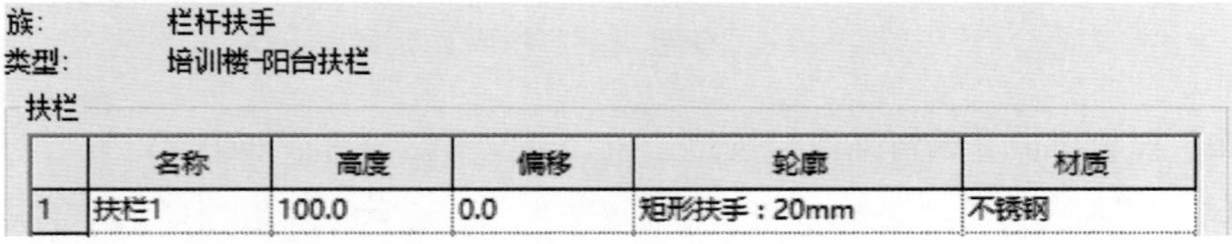

族：	栏杆扶手				
类型：	**培训楼-阳台扶栏**				
扶栏					
	名称	高度	偏移	轮廓	材质
1	扶栏1	100.0	0.0	矩形扶手：20mm	不锈钢

图 2-6-6　扶栏类型参数设置

编辑"栏杆位置",调整参数如图2-6-7所示。在"主样式"中,定义扶栏为一个"栏杆"和一个"嵌板",所使用的栏杆族分别为"栏杆-扁钢立杆:50mm×12mm"和"嵌板-玻璃:800mm"。"栏杆"样式在高度方向的起点为"主体",即从栏杆的主体或实例属性中定义的标高及底部偏移位置开始,至"顶部扶栏"的扶手结构处结束。"嵌板"样式在高度方向的起点为"主体"的扶手结构之上100mm处,直到"顶部扶栏"扶手结构之下100mm处结束。

栏杆图案以栏杆扶手中心向两侧排列,不足以排列一个栏杆主图案的位置,以"超出长度填充"的方式,按间距100mm放置"栏杆-扁钢立杆:50mm×12mm"。

图2-6-7 栏杆位置

单击【绘制】面板中的"线"绘制方式,设置选项栏中的"偏移"值为"0.0"。按图2-6-8所示,绘制路径直线,路径迹线必须连续,栏杆扶手路径直线端点至墙核心表面。完成后单击【完成编辑模式】✔按钮生成栏杆扶手。使用以上相同方法,在F3楼层的阳台放置栏杆扶手。栏杆扶手三维效果如图2-6-9所示。

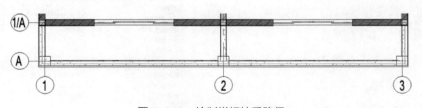

图2-6-8 绘制栏杆扶手路径

图 2-6-9 栏杆扶手三维视图

任务二 创建楼梯

1. 添加楼梯

打开 F1 楼层平面视图,调整视图区域至⑥~⑦轴线之间的楼梯间。单击【建筑】选项卡→【楼梯坡道】面板→【楼梯】🖾工具,如图 2-6-10 所示,切换至【修改 | 创建楼梯】选项卡,进入创建楼梯草图模式。

图 2-6-10 使用【楼梯】工具

单击【属性】面板中的【编辑类型】按钮,打开楼梯"类型属性"对话框。设置当前族为"系统族:现场浇注楼梯"、当前类型为"整体浇注楼梯",复制新的楼梯类型为"培训楼-室内楼梯"。设置"计算规则"参数,"最大踢面高度"为"165.0","最小踏板深度"为"280.0","最小梯段宽度"为"1500.0",其他参数不变,如图 2-6-11 所示。

编辑"梯段类型",进入"梯段类型"的"类型属性"对话框,按图 2-6-12 所示修改"整体式材质"为"混凝土-现场浇注混凝土",

图 2-6-11 楼梯类型参数设置 1

图 2-6-12 楼梯类型参数设置 2

"踏板材质"和"踢面材质"均为"水泥砂浆"。在以上材质的"图形：着色"选项中选中"使用渲染外观"选项。另外，选中"踏板"选项，设置"踏板厚度"为"15.0"；选中"踢面"选项，设置"踢面厚度"为"15.0"。其他参数不变。

编辑"平台类型"，进入"平台类型"的"类型属性"对话框，按图 2-6-13 所示修改"整体式材质"为"混凝土-现场浇注混凝土"。其他参数不变。

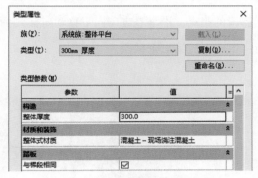

图 2-6-13 楼梯类型参数设置 3

🔔 **提示**

● Revit 中楼梯属于系统族，其中有 3 种类型的楼梯：现场浇注楼梯、组合楼梯、预浇注楼梯，项目上使用较多的为现场浇注楼梯。

● 楼梯的绘制方式有 2 种：按构件绘制和按草图绘制。

① 按构件绘制楼梯，只能统一调整梯段的宽度，不能调整梯段的形状，只能统一调整踏板深度，不能单独修改一个踏板深度以及形状。

② 按草图绘制，可以任意调节梯段的宽度及边界形状，可以修改任何一个踏板深度以及形状。

● Revit 2021 中创建楼梯包含梯段、平台、支座。

⚠ **注意**

最大踢面高度指的是创建楼梯梯段时踢面不会超出的高度，如图 2-6-14 所示。最小踏板深度指的是创建楼梯梯段时所用的最小踏板深度，如图 2-6-15 所示。最小楼梯宽度指的是楼梯梯段的默认宽度，如图 2-6-16 所示。

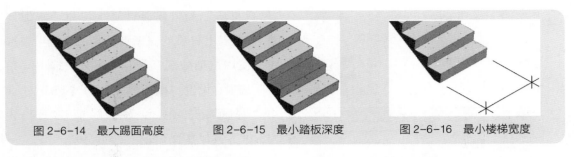

图 2-6-14 最大踢面高度　　　图 2-6-15 最小踏板深度　　　图 2-6-16 最小楼梯宽度

在绘制楼梯草图状态下，选择【构件】面板中的绘制模式为"梯段"，绘制方式为"线"。设置选项栏中的"定位线"为"梯段：中心"，"偏移"值为"0.0"，"实际梯段宽度"为"1500.0"，选中"自动平台"选项。按图 2-6-17 至图 2-6-20 所示，确定梯段起点，沿垂直方向向上移动鼠标光标，当创建的踢面数为 11 时，单击完成第一个梯段。向右移动鼠标光标至第二梯段的起点，沿垂直方向向下移动鼠标光标，直到显示"创建了 11 个踢面，剩余 0 个"信息时，单击完成第二个梯段。

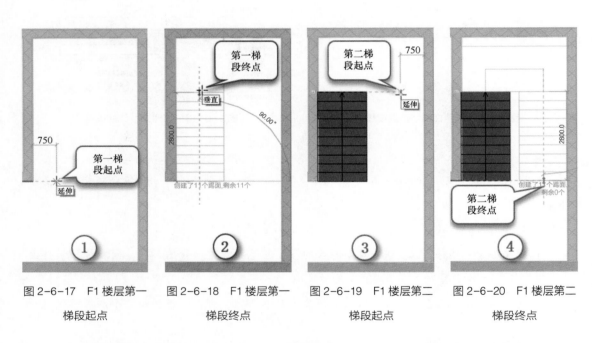

图 2-6-17　F1 楼层第一　　　图 2-6-18　F1 楼层第一　　　图 2-6-19　F1 楼层第二　　　图 2-6-20　F1 楼层第二
　　　　　梯段起点　　　　　　　　　梯段终点　　　　　　　　　梯段起点　　　　　　　　　梯段终点

完成后的梯段如图 2-6-21 所示，两个梯段之间会自动生成楼梯的休息平台。选择休息平台上部边界线，拉延至Ⓔ轴线上的内墙核心层表面，如图 2-6-22 所示。Revit 2021 默认以楼梯边界为扶手路径，在梯段两侧生成扶手。在地下室楼层平面视图中选择楼梯外侧靠墙扶手，按 Delete 键删除该扶手。按住 Ctrl 键选择楼梯和扶手图元，复制并粘贴至 F2、F3 标高。如图 2-6-23 所示为剖面三维视图，显示了完成后楼梯的三维效果。由于楼板和天花板没有开洞口，因此在三维视图中的楼梯会与楼板、天花板相交。

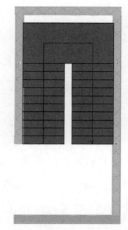

图 2-6-21　完成后的梯段

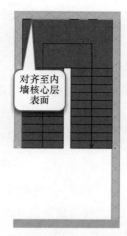

对齐至内墙核心层表面

图 2-6-22　平台对齐

图 2-6-23　楼梯三维视图

切换至地下室楼层平面视图，使用【楼梯】工具创建地下室楼梯，梯形类型为"培训楼-室内楼梯"。在【属性】面板中，调整地下室楼梯的"顶部标高"为"F1"，其他参数不变。按图2-6-24 至图 2-6-27 所示，先设置参照平面，在参照平面处确定第一梯段起点，沿垂直方向向上移动鼠标光标，当创建的踢面数为 14 时，单击完成第一个梯段。向右移动鼠标光标至第二梯段的起点，沿垂直方向向下移动鼠标光标，直到显示"创建了 12 个踢面，剩余 0 个"信息时，单击完成第二个梯段。

🔔 提示

由于地下室楼层高度比 F1 楼层及以上的高，导致地下室楼层楼梯阶梯数与其他楼层的不一样。为保证舒适度，每个楼梯阶级的踢面高度、踏板深度、楼梯宽度保持一致，其他的根据实际情况进行调整。

① 第一梯段起点
参照平面

图 2-6-24　地下室第一梯段起点

② 第一梯段终点

图 2-6-25　地下室第一梯段终点

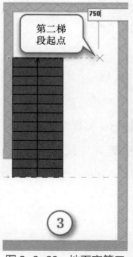

③ 第二梯段起点

图 2-6-26　地下室第二梯段起点

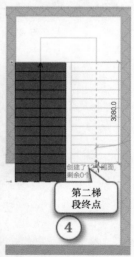

④ 第二梯段终点

图 2-6-27　地下室第二梯段终点

由于地下室楼层高度与地上各楼层高度不一致，踢面高度、踏板深度、最小楼梯宽度保持不变，在创建时楼梯踢面总数为 26 个，两个梯段的长度不同，楼梯斜板的长度不同。完成后，删除楼梯外侧靠墙扶手。如图 2-6-28 所示为楼梯立面图，可直观对比地下室楼梯与 F1 楼层楼梯。与 F1 楼层楼梯相比，地下室楼梯第一梯段的起点位置前置了两个踢面，楼梯休息平台的宽度变小。

2. 修改楼梯扶手

在地下室楼层平面视图中，将鼠标移至楼梯扶手并单击，楼梯扶手被选中后呈蓝色状态。在【属性】面板中，调整"约束：从路径偏移"为"20.0"。单击【编辑类型】，进入"类型属性"对话框。设置当前族为"系统族：栏杆扶手"、当前类型为"900mm 圆管"，复制新的楼梯扶手类型为"培训楼-楼梯栏杆扶手始端"，其参数的基本设置如图 2-6-29 所示。

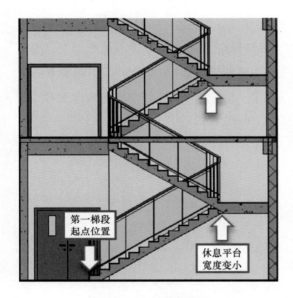

图 2-6-28　楼梯立面图

图 2-6-29　楼梯扶手类型参数设置

编辑"扶栏结构（非连续）"，删除所有子扶栏，如图 2-6-30 所示。此楼梯扶手最后只剩下顶部扶栏。

载入"课程资料＼项目 6＼细保龄栏杆.rfa"及"课程资料＼项目 6＼扶手接头.rfa"两个族文件。编辑"栏杆位置"，选择"细保龄栏杆：标准"作为"起点支柱"，选择"扶手接头：梯井 160"作为"终点支柱"。其他参数的设置如图 2-6-31 所示。

> 🔔 提示
>
> 　　栏杆扶手中的横向扶栏之间高度设置，可单击"类型属性"对话框中"扶栏结构"进行编辑。

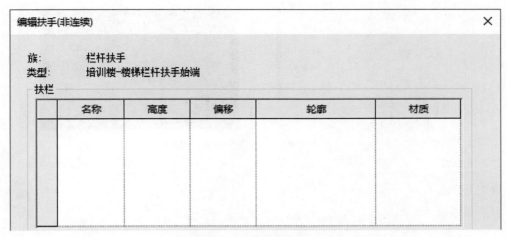

图 2-6-30　扶栏类型参数设置

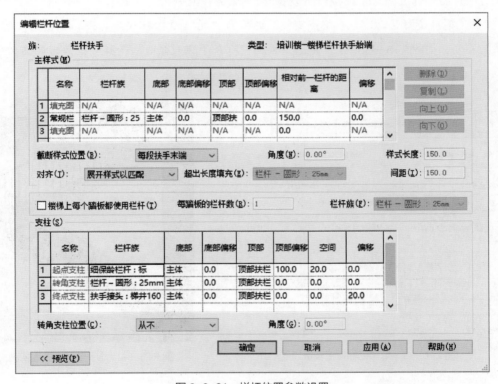

图 2-6-31　栏杆位置参数设置

调整视图区域至⑥~⑦轴线之间的楼梯间位置。单击【建筑】选项卡→【楼梯坡道】面板→【栏杆扶手：绘制路径】🟦工具，进入创建栏杆扶手草图模式。单击【绘制】面板中的"直线"绘制方式，设置选项栏中的"偏移"值为"0.0"。按图 2-6-32 所示，在地下室楼梯左侧绘制扶手路径，栏杆扶手路径直线端点至墙核心表面。单击【工具】面板→【拾取新主体】🔚工具，单击拾取楼梯图元，将楼梯作为扶手主体，单击【完成编辑模式】✔按钮，完成扶手迹线绘制，Revit 2021 将沿楼梯梯段左侧生成一段扶手。

图 2-6-32　绘制栏杆扶手路径

> 🔔 **提示**
>
> 栏杆扶手对齐方式包括：起点、终点、中心、展开样式以匹配。

通过选择将楼梯类型"培训楼-楼梯栏杆扶手始端"复制为"培训楼-楼梯栏杆扶手始端左侧"。编辑"栏杆位置"，"支柱：终点支柱"调整为"无"，"主样式：对齐"调整为"起点"，其他参数不变，如图 2-6-33 所示。地下室楼梯栏杆扶手完成修改后，其三维效果如图 2-6-34 所示。

图 2-6-33　楼梯栏杆位置参数设置

图 2-6-34　地下室楼梯三维视图

切换至 F1 楼层平面视图，选择楼梯扶手，在【属性】面板中，调整"约束：从路径偏移"为"20.0"。单击【编辑类型】，进入"类型属性"对话框。通过选择将楼梯类型"培训楼-楼梯栏杆扶手始端"复制为"培训楼-楼梯栏杆扶手"。编辑"栏杆位置"，选择"栏杆-圆形：25mm"作为"起点支柱"，其他参数不变。调整 F2~F3 楼层的楼梯扶手为"培训楼-楼梯栏杆扶手"类型。

切换至 F4 楼层平面视图，调整视图区域至⑥~⑦轴线之间的楼梯间处。通过【栏杆扶手：绘制路径】工具，按图 2-6-35 所示，在原楼梯栏杆扶手路径末端延伸 30mm，然后往左绘制扶手路径至内墙，扶手路径直线端点至墙核心表面。

图 2-6-35　F4 楼层栏杆扶手绘制路径

确认【属性】面板中"约束：从路径偏移"值为"20.0"。打开扶手"属性类型"对话框，按图 2-6-36 所示，选中"使用平台高度调整"选项，"平台高度调整"值为"150.0"，即扶手水平部分的高度为 150mm。编辑"栏杆位置"，调整"终点支柱"为"无"，其他参数不变。楼梯栏杆扶手末端完成修改后，其三维效果如图 2-6-37 所示。

参数	值
构造	
栏杆扶手高度	900.0
扶栏结构(非连续)	编辑...
栏杆位置	编辑...
栏杆偏移	0.0
使用平台高度调整	☑
平台高度调整	150.0
斜接	添加垂直/水平线段
切线连接	添加垂直/水平线段
扶栏连接	修剪

图 2-6-36　F4 楼层栏杆参数设置

图 2-6-37　F3～F4 楼层楼梯三维视图

3. 创建洞口

楼梯间需要创建洞口，楼梯间处的楼板洞口一般采用垂直洞口或竖井洞口两种方式。在地下室楼层平面视图中，单击【视图】选项卡→【创建】面板→【剖面】🔗工具，切换至【剖面】选项卡，如图 2-6-38 所示。在【属性】面板中确认选择"建筑剖面"剖面类型，确认选项栏中"比例"为"1：100"，设置"偏移"值为"0.0"。按图 2-6-39 所示，将鼠标光标移至楼梯右侧

图 2-6-38　使用【剖面】工具

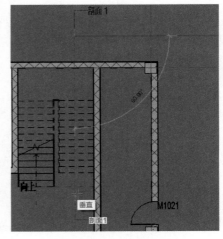

图 2-6-39　放置剖面线

梯段上方，单击鼠标左键作为剖面起点；沿垂直方向向下移动鼠标光标，当剖面线长度走过梯间进深时，单击鼠标左键作为剖面终点，在该位置生成剖面线，并根据该剖面线绘制位置自动生成剖面视图。在项目浏览器中新建"剖面（建筑剖面）"视图类型。展开"剖面（建筑剖面）"视图类型，该剖面自动命名为"剖面1"，双击切换至该视图，显示模型在该剖面的剖切投影。单击【建筑】选项卡→【洞口】面板→【垂直】工具，如图 2-6-40 所示。

图 2-6-40　使用
【垂直】工具

在剖面视图中移动鼠标光标至 F1 楼层楼板，单击选择该楼板，会弹出"转到视图"对话框。在视图列表中选择"楼层平面：F1"，单击【打开视图】按钮，打开 F1 楼层平面视图，进入创建洞口边界编辑模式。使用"拾取线"绘制模式，设置选项栏中的"偏移"值为"0.0"。按图 2-6-41 所示，沿楼板边界拾取，绘制洞口边界，然后使用【修剪】工具进行修剪，使洞口边界线首尾相连。切换至"剖面1"剖面视图，移动鼠标光标至 F1 楼层楼板洞口边缘位置，当显示"楼板洞口剪切：洞口截面"时单击鼠标左键选择洞口。通过【复制到剪贴板】工具和【粘贴】工具，在 F2~F4 标高楼板相同位置生成楼板洞口。洞口创建后的三维效果如图 2-6-42 所示。

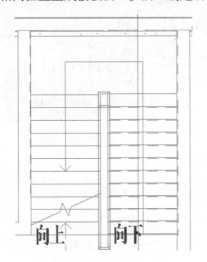

图 2-6-41　绘制洞口边界

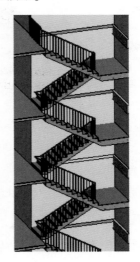

图 2-6-42　开洞后的楼梯三维视图

使用"垂直洞口"工具为构件开洞口时，一次只能对一个构件创建洞口。若想一次对多个构件创建洞口，则可以使用"竖井洞口"工具，在创建时，设置顶部至底部标高的范围，在此标高之间的垂直高度范围内创建竖井洞口。

任务三　创建坡道

1. 创建地下停车库坡道

打开西立面视图，选择地下室外墙，使用【修改墙】→【墙洞口】🔳工具，修改Ⓖ~Ⓕ轴线之间的地下室外墙，此墙洞口为地下停车库出入口，如图2-6-43所示。

切换至地下室楼层平面视图，在Ⓖ轴线上的空白处放置两个参照平面 D_a、D_b。使用【楼板】工具，选用"培训楼-室外楼板-600mm"，复制新的楼板类型为"培训楼-地下停车库坡道"，修改其结构，在"编辑部件"窗口，在"结构［1］"后，选中"可变"，如图2-6-44所示。确认【绘制】面板中的绘制状态为"边界线"，绘制方式为"圆心-端点弧"，设置选项栏中的"偏移"值为"0.0"。如图2-6-45所示，以参照平面 D_a、D_b 的交点作为圆心，分别绘制如图2-6-46所示的半径为7000mm和14000mm的半圆。以"线"绘制方式，连接两个半圆，形成首尾相连的闭环，如图2-6-47所示。单击【完成编辑模式】✔按钮，生成半圆形的楼板。

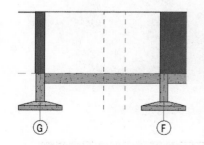

图2-6-43　地下停车库出入口

	功能	材质	厚度	包络	结构材质	可变
1	面层 1 [4]	水泥砂浆	20.0	☐	☐	☐
2	衬底 [2]	混凝土，现场	30.0	☐	☐	☐
3	核心边界	包络上层	0.0			
4	结构 [1]	混凝土－现	550.0	☐	☑	☑
5	核心边界	包络下层	0.0			

图2-6-44　地下停车库坡道类型参数设置

选择"培训楼-地下停车库坡道"，单击【形状编辑】面板→【修改子图元】工具，单击坡道地面处的边缘，修改高程值为"3600.0"，如图2-6-48所示。生成地下停车库坡道，其三维效果如图2-6-49所示。

使用【墙】工具，选用墙体类型"挡土墙-300mm 混凝土"，复制新的墙体类型为"培训楼-地下车库坡道-挡土墙"，其墙体参数不变。选用"拾取线"绘制方式，设置"定位线"为"面层面：外部"，在坡道的两外侧生成墙体，调整墙体的"顶部约束"为"室外地坪"。所生成的地下车库坡道挡土墙的三维效果如图2-6-50所示。

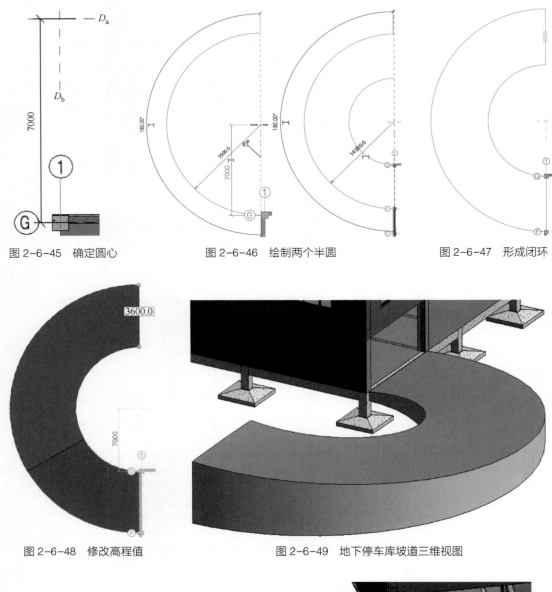

图 2-6-45　确定圆心　　　　　图 2-6-46　绘制两个半圆　　　　　图 2-6-47　形成闭环

图 2-6-48　修改高程值　　　　　图 2-6-49　地下停车库坡道三维视图

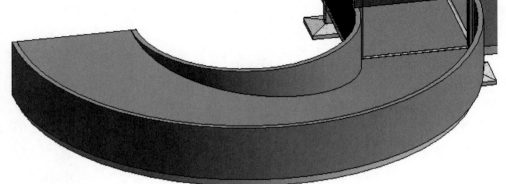

图 2-6-50　地下车库坡道挡土墙三维视图

使用【迹线屋顶】工具，选用屋顶类型"玻璃斜窗"，复制新的屋顶类型为"培训楼-地下车库坡道-屋顶"，按图2-6-51所示，修改其类型参数。绘制屋顶迹线，选用"拾取线"绘制方式，单击坡道墙体外侧边缘生成迹线，调整两个拖拽线端点，编辑角度为"145°"。改用"线"绘制方式，连接两条弧形线，形成首尾相连闭环，如图2-6-52所示。单击【完成编辑模式】 ✅ 按钮，生成弧形屋顶。选择屋顶，单击【模式】面板→【编辑迹线】工具，在属性栏设置"底部标高"为"F1"、"自标高的底部偏移"为"3000.0"。单击屋顶在地面处的边缘，在属性栏选中"定义屋顶坡道"选项，设置"坡度"为"2°"。单击【完成编辑模式】 ✅ 按钮，完成设置。

参数	值	=
构造		⌃
幕墙嵌板	系统嵌板：玻璃	
连接条件	边界和网格1连续	
网格1		⌃
布局	最大间距	
间距	1500.0	
调整竖梃尺寸	☑	
网格2		⌃
布局	最大间距	
间距	1500.0	
调整竖梃尺寸	☑	
网格1竖梃		⌃
内部类型	矩形竖梃：30mm 正方形	
边界1类型	无	
边界2类型	无	
网格2竖梃		⌃
内部类型	矩形竖梃：30mm 正方形	
边界1类型	无	
边界2类型	无	

图2-6-51　地下车库坡道屋顶类型参数设置

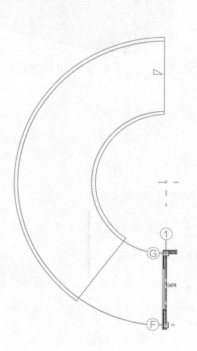

图2-6-52　形成坡道屋顶闭环

使用【复制到剪贴板】📋工具和【粘贴】📋工具，复制"培训楼-地下车库坡道-挡土墙"至F1标高，调整其"底部约束"为"室外地坪"。调整两个挡土墙的拖拽线端点于车库屋顶处，如图2-6-53所示。切换至F1楼层平面视图，使用【墙】工具，选用墙体类型"幕墙"，复制新的墙体类型为"培训楼-地下车库坡道-幕墙"，调整"底部约束"为"室外地坪"，按图2-6-54所示修改其类型参数。

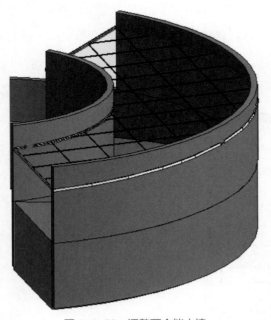

图 2-6-53 调整两个挡土墙

参数	值	=
构造		⌃
功能	外部	
自动嵌入	☑	
幕墙嵌板	无	
连接条件	边界和水平网格连续	
材质和装饰		⌃
结构材质		
垂直网格		⌃
布局	最大间距	
间距	1500.0	
调整竖梃尺寸	☑	
水平网格		⌃
布局	无	
间距	1500.0	
调整竖梃尺寸	☑	
垂直竖梃		⌃
内部类型	矩形竖梃：50mm x 150mm	
边界 1 类型	无	
边界 2 类型	无	
水平竖梃		⌃
内部类型	无	
边界 1 类型	无	
边界 2 类型	无	

图 2-6-54　坡道幕墙类型参数设置

> ⚠ **注意**
>
> 　　地下车库最大的坡度不能超过 15%，且该值不是确定值，还要根据不同的部分进行坡度设计。

　　选用"拾取线"绘制方式，单击坡道挡土墙的墙体中心线生成"培训楼-地下车库坡道-幕墙"。选择一面幕墙，使用【修改墙】面板→【附着顶部/底部】🗂工具，单击"培训楼-地下车库坡道-屋顶"，其顶部高度约束至"培训楼-地下车库坡道-屋顶"。重复以上步骤，修改另一面幕墙的顶部高度。完成后删除依附于幕墙的挡土墙。使用【墙】工具的"线"绘制方式，通过连接近地下室出入口的两个挡土墙端点生成幕墙，如图 2-6-55 所示。

　　再使用【迹线屋顶】工具，选用屋顶类型"培训楼-屋顶"，复制新的屋顶类型为"培训楼-地下车库坡道-屋顶（地面）"，按图 2-6-56 所示修改其类型参数。

　　屋顶结构总厚度为 400mm。"面层 1［4］"的"材质"选择"土壤-场地-植被"，复制新的类型为"培训楼-地形表面"，打开资源浏览器，搜索并选用"草皮-高质量"作为材质。"结构［1］"为"混凝土-钢筋混凝土-结构构件"。选用"拾取线"和"线"绘制方式，在培训楼地下车库坡道在地面段的屋顶绘制屋顶迹线，形成首尾相连的弧形线闭环，如图 2-6-57 所示。

　　单击【完成编辑模式】✔按钮，生成弧形屋顶。所生成地下车库的坡道及其屋顶和幕墙的三维效果如图 2-6-58 所示。

图 2-6-55 挡土墙转换为幕墙

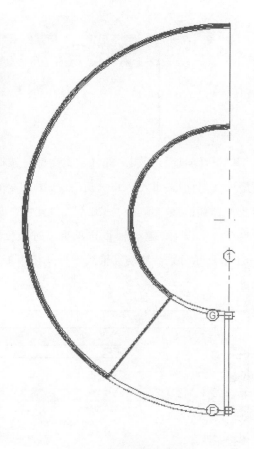

	功能	材质	厚度	包络	可变	
1	面层 1 [4]	培训楼–地形	50.0	☐	☑	
2	涂膜层	<按类别>	0.0	☐	☐	
3	核心边界	包络上层	0.0			
4	结构 [1]	混凝土 – 钢	350.0	☐	☐	
5	核心边界	包络下层	0.0			

插入(I)　删除(D)　向上(U)　向下(O)

图 2-6-56　坡道屋顶（地面）类型参数设置

图 2-6-57　形成弧形线闭环

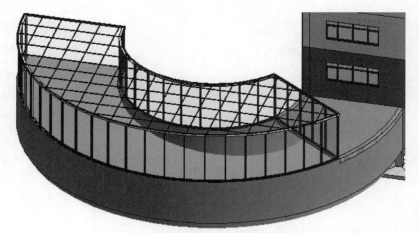

图 2-6-58　地下车库坡道、屋顶及幕墙三维视图

2. 创建培训楼北面出入口坡道

打开室外地坪平面视图，调整视图区域至⑤~⑥轴线之间的楼梯间位置。单击【建筑】选项

卡→【楼梯坡道】面板→【坡道】  工具，如图 2-6-59 所示。

图 2-6-59 使用【坡道】工具

单击【属性】面板中的【编辑类型】按钮，打开坡道"类型属性"对话框。复制新的坡道类型为"培训楼-北出入口坡道"。按图 2-6-60 所示，设定坡道属性参数。在【属性】面板中，修改"顶部偏移"值为"−20.0"、"宽度"值为"5000.0"，具体参数设定如图 2-6-61 所示。切换至【修改 | 创建楼梯】选项卡，进入创建楼梯草图模式。使用【参照平面】工具，按图 2-6-62 所示分别绘制与ⓒ轴线平行并相距 18500mm 的参照平面 R_a 以及与⑤轴线相切的参照平面 R_b。

参数	值	=
构造		⌃
造型	实体	
厚度	150.0	
功能	外部	
图形		⌃
文字大小	2.5000 mm	
文字字体	Microsoft Sans Serif	
材质和装饰		⌃
坡道材质	水泥砂浆	
尺寸标注		⌃
最大斜坡长度	12000.0	
坡道最大坡度(1/X)	12.000000	

图 2-6-60 坡道类型属性参数设置

约束		⌃
底部标高	室外地坪	
底部偏移	0.0	
顶部标高	F1	
顶部偏移	−20.0	
多层顶部标高	无	
图形		⌄
尺寸标注		⌃
宽度	5000.0	

图 2-6-61 修改参数

单击【栏杆扶手】工具，在弹出的"栏杆扶手"对话框中，选择"900mm"栏杆扶手类型，如图 2-6-63 所示。完成后单击【确定】按钮，退出对话框。

在【修改 | 创建坡道草图】选项卡的【绘制】面板中，选择绘制模式为"梯段"，绘制方式为"圆心-端点弧"。按图 2-6-64 所示，单击参照平面 R_a 与 R_b 的交点，生成圆心。然后向左下方移动鼠标，输入"16000.0"作为圆弧半径。以鼠标光标所在处作为圆弧的起点，沿顺时针方向移动鼠标光标，当显示完整的梯段后，单击鼠标完成绘制。

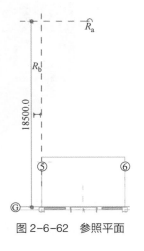

图 2-6-62 参照平面

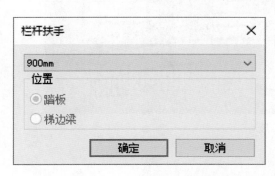

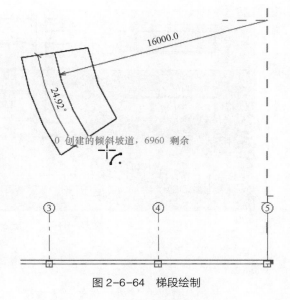

图 2-6-63　"900mm"栏杆扶手类型

图 2-6-64　梯段绘制

> **提示**
>
> 　　坡道上升的方向由绘制的方向决定，也就是按移动鼠标光标时所沿的顺时针方向或逆时针方向生成坡道梯段。

　　框选此坡道，单击【修改】面板→【旋转】⟳工具，鼠标光标变为⟲，不选中选项栏中任何选项。单击并按住坡道几何图中心点，拖动该符号至坡道梯段的圆心（即参照平面 R_a 与 R_b 的交点）后松开鼠标左键，将以此新位置作为坡道梯段的旋转中心。单击坡道梯段终点线任意一点，以旋转中心和该点之间的连线作为旋转参照基线。移动鼠标光标，直到对齐台阶左侧边缘，单击完成旋转操作，如图 2-6-65 所示。单击【模式】面板中【完成编辑模式】✔按钮，完成左侧坡道创建。使用【镜像】工具，复制生成台阶另一侧坡道，如图 2-6-66 所示。

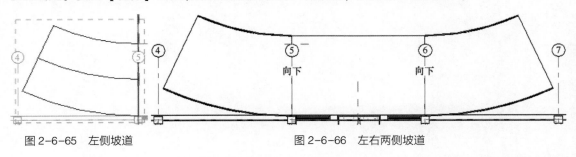

图 2-6-65　左侧坡道　　　　　　图 2-6-66　左右两侧坡道

　　选择坡道栏杆扶手，复制新的栏杆扶手为"培训楼-北出入口坡道栏杆扶手"。在【属性】面板中，调整"约束：从路径偏移"为"-65.0"。单击【编辑类型】，进入"类型属性"对话框，编辑"栏杆位置"，设置"对齐"为"展开样式以匹配"，其他参数不变。所生成的坡道及其栏杆扶手的三维效果如图 2-6-67 所示。

图2-6-67　北出入口坡道三维视图

🔔 提示

● 坡道"类型属性"中"坡道最大坡度（1/X）"参数，X是斜率，表明最大坡度限制数值为坡面垂直高度/水平宽度（坡面投影线长度）。

● 坡道造型分为"实体"和"结构板"两种形式，图2-6-68与图2-6-69分别展示了以坡道为例的"实体"和"结构板"形式。

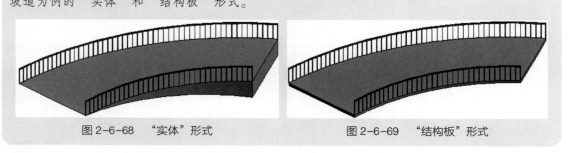

图2-6-68　"实体"形式　　　　　　　　　图2-6-69　"结构板"形式

课 后 拓 展

一、单项选择题

1. 下列哪项属于扶手的实例属性？（　　　）

A. 扶手高度　　　　　　　　　　　B. 扶手结构

C. 扶手连接　　　　　　　　　　　D. 基准标高

2. 在 Revit 中创建楼梯有几种方式？（　　　）

A. 1　　　　　　　　　　　　　　B. 2

C. 3　　　　　　　　　　　　　　D. 4

3. 下列说法错误的是（　　　）。

A. 扶手高度取决于"顶部扶栏"的高度设置

B. 扶手路径迹线必须连续，但可以不封闭

C. 绘制完扶手路径后再选中预览选项将不能显示扶手预览

D. 生成扶手后编辑路径不可将连续路径拆分成独立路径线段

4. 在幕墙网格上放置竖梃时，如何部分放置竖梃？（　　　）

A. 按住 Ctrl 键　　　　　　　　　B. 按住 Shift 键

C. 按住 Tab 键　　　　　　　　　D. 按住 Alt 键

5. 栏杆扶手中的横向扶栏个数设置，是单击"类型属性"对话框中哪个参数进行编辑？（　　　）

A. 扶栏位置　　　　　　　　　　　B. 扶栏结构

C. 扶栏偏移　　　　　　　　　　　D. 扶栏连接

二、多项选择题

1. 在"编辑栏杆位置"中，主样式中的"对齐"包含以下哪些选项？（　　　）

A. 端点　　　　　　　　　　　　　B. 起点

C. 终点　　　　　　　　　　　　　D. 中心

E. 展开样式以匹配

2. 在【建筑】选项栏中的【洞口】命令菜单下，包含以下哪些命令？（　　　）

A. 水平洞口　　　　　　　　　　　B. 垂直洞口

C. 竖井洞口　　　　　　　　　　　D. 面洞口

E. 老虎窗洞口

3. 以下关于栏杆扶手创建说法正确的是（　　）。

A. 能在楼梯主体上创建栏杆扶手　　　B. 能在坡道主体上创建栏杆扶手

C. 能直接在建筑平面图中创建栏杆扶手　　D. 能在墙体上创建栏杆扶手

4. 下列对建筑剖面图的概念表述不正确的是（　　）。

A. 剖面图是假想用一个正立投影面的平行面将建筑剖切开，移去剖切平面与观察者之间的部分，将剩下的部分按照正投影的原理投射到与剖切平面平行的投影面上得到的图

B. 剖面图是假想用一个正立投影面或侧立投影面的平行面将建筑剖切开，按照正投影的原理投射到与剖切平面平行的投影面上得到的图

C. 剖面图是假想用一个正立投影面或侧立投影面的平行面将建筑剖切开，移去剖切平面与观察者之间的部分，将剩下的部分按照正投影的原理投射到与剖切平面平行的投影面上得到的图

D. 剖面图是假想用一个水平面将建筑剖切开，移去剖切平面与观察者之间的部分，将剩下的部分按照正投影的原理投射到与剖切平面平行的投影面上得到的图

5. Revit 中创建楼梯，在【修改｜创建楼梯】→【构件】中包含哪些构件？（　　）

A. 支座　　　　　　　　　　　　　　B. 平台

C. 梯段　　　　　　　　　　　　　　D. 梯边梁

三、实操题

以东莞职业技术学院校园建筑体为 BIM 建模对象，开展建筑 BIM 建模。本次任务要求如下：

1. 各小组参照 CAD 底图创建各建筑体的扶栏、楼梯、坡道等构件。

2. 以小组为单位提交模型文件，命名方式：楼栋号（如：实验楼 8A）。

> ❓ 思考
>
> 　　楼梯、坡道是供楼层间上下步行的交通通道。掌握扶栏、楼梯及坡道设计规则和科学计算方法后，创建和修改扶栏、楼梯及坡道模型便得心应手。谈谈若不遵从相关规则，如何保证工程质量。

项目七　场地与建筑构件

◇ 教学目标

通过本项目的学习，完成场地与建筑构件的设计和布置。学会为项目创建场地三维地形模型、场地红线、建筑地坪等，在场地中添加植物、停车场等场地构件，对室外台阶、楼梯边缘等构件进行深化和细化，布置室内洗手间洁具、室外特殊建筑构件。掌握自定义构件创建与编辑的方法和步骤。

◇ 学习内容

重点：场地构件的创建与编辑方法

难点：自定义构件的创建与编辑方法

场地设计以建设项目的基地现状条件和相关法规、规范为依据，合理组织建筑外部空间，综合解决建筑物、活动广场、道路交通、停车场所、绿化景观、综合管线等各方面内容的布置和设计。

任务一　创建场地

1. 添加地形表面

打开场地平面视图，单击【体量和场地】选项卡→【场地建模】面板→【地形表面】🔲工具，在【修改|编辑表面】选项卡中，选择【放置点】🏠工具，设置选项栏中的"高程"值为"−600.0"，高程形式为"绝对高程"，即放置点的高程绝对标高为−0.6m，如图2−7−1所示。

图2−7−1　使用【地形表面】工具

按图2−7−2所示位置在培训楼四周单击鼠标左键，放置高程点，在地形点的范围内创建地形表面。在【属性】面板中，地形材质选择为"培训楼−地形表面"。单击【完成编辑模式】✅

按钮，生成地形表面，如图 2-7-3 所示。

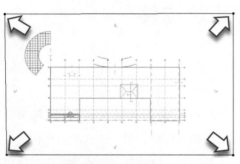

图 2-7-2　放置高程点

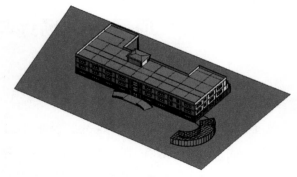

图 2-7-3　生成地形表面

单击【体量和场地】选项卡→【修改场地】面板→【拆分表面】工具，选择地形表面，使用"边界线"绘制模式、"拾取线"绘制方式，绘制表面的编辑轮廓，完成轮廓编辑后，选择并删除该拆分的表面，如图 2-7-4 所示。

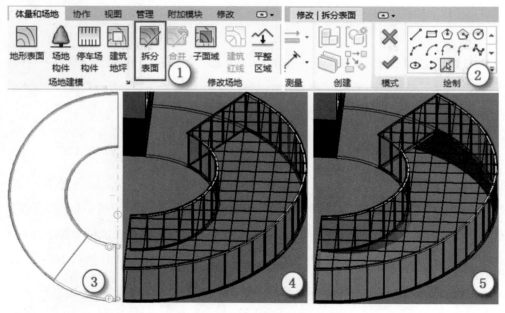

图 2-7-4　拆分表面

> 🔊 提示
>
> Revit 2021 提供两个创建地形表面的方式：放置高程点和导入测量文件。放置高程点方式适合简单场地地形表面的创建，需要手动添加地形点并指定点高程，生成地形表面。针对复杂的场地地形，可通过导入测量文件方式，根据 DWG 文件或测量数据文本的测量数据生成真实场地地形表面。

2. 创建场地道路

在场地平面视图，单击【体量和场地】选项卡→【修改场地】面板→【子面域】 ▦ 工具，如图2-7-5所示，进入【修改|创建子面域边界】编辑状态。

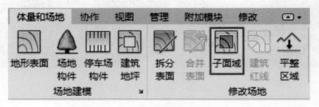

图2-7-5 使用【子面域】工具

使用绘制工具（直线、圆角弧、拾取线），按图2-7-6所示尺寸绘制子面域边界。配合使用【拆分】及【修剪】等工具，使子面域边界轮廓首尾相连。在【属性】面板中，材质选择"沥青"，复制新的场地道路类型为"培训楼-室外场地路面"，打开资源浏览器，搜索并选用"沥青-路面"作为材质。单击【完成编辑模式】 ✔ 按钮，生成场地道路，其三维视图如图2-7-7所示。

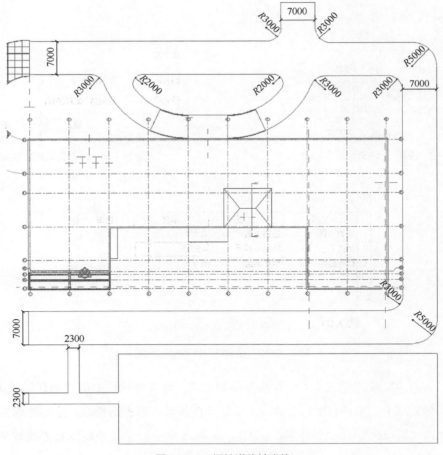

图2-7-6 场地道路轮廓线

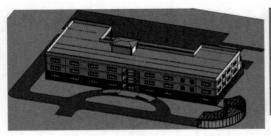
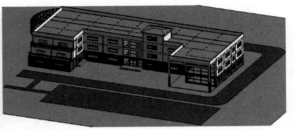

图 2-7-7　场地道路三维视图

3. 添加建筑地坪

切换至地下室楼层平面视图，单击【体量和场地】选项卡→【场地建模】面板→【建筑地坪】工具，如图 2-7-8 所示，进入【修改 | 创建建筑地坪边界】编辑状态。单击【属性】面板中的【编辑类型】按钮，打开楼梯"类型属性"对话框。复制新的建筑地坪类型为"培训楼-建筑地坪"，如图 2-7-9 所示。修改结构［1］，"材质"为"场地-碎石"，"厚度"为"450.0"，如图 2-7-10 所示。修改【属性】面板的标高为"地下室"，设置"自标高的高度偏移"为"-150.0"。

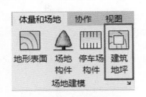

图 2-7-8　使用【建筑地坪】工具

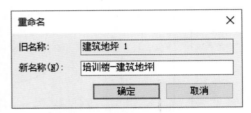

图 2-7-9　新的建筑地坪类型

图 2-7-10　建筑地坪结构参数设置

使用"边界线"绘制模式、"拾取线"绘制方式。设置选项栏中的"偏移"值为"0.0"，不选中"延伸到墙中（至核心层）"选项。沿培训楼外墙外侧表面拾取，绘制轮廓边界线，另外在电梯井以"拾取线"方式绘制轮廓边界线。使用【修剪】工具使轮廓边界线首尾相连，如图 2-7-11 所示。完成后单击【完成编辑模式】按钮，按指定轮廓创建建筑地坪。

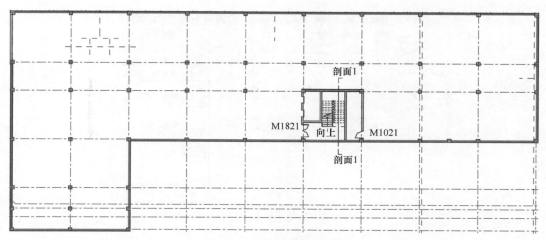

图 2-7-11　建筑地坪轮廓线

使用【建筑地坪】工具，选用"培训楼-建筑地坪"建筑地坪类型，修改【属性】面板的标高为"地下室"，设置"自标高的高度偏移"为"−1500.0"。在电梯井以"拾取线"方式绘制首尾相连的轮廓边界线，完成后单击【完成编辑模式】 ✔ 按钮，生成电梯井的建筑地坪，建筑地坪的局部三维剖面如图 2-7-12 所示。

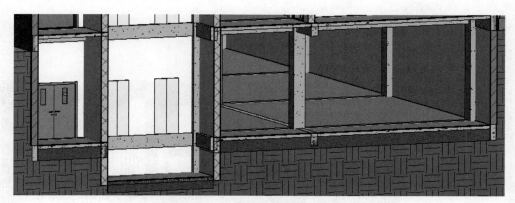

图 2-7-12　建筑地坪局部三维剖面

任务二　创建建筑构件

1. 添加楼梯间楼板边缘

打开 F1 楼层平面视图，单击【建筑】选项卡→【构建】面板→【楼板】 🗁 工具的黑色下拉箭头，在下拉列表中选择"楼板：楼板边" 🗀，如图 2-7-13 所示。单击【属性】面板中的【编辑类型】按钮，在"类型属性"对话框中，设置"轮廓"为"楼板边缘-加厚：600mm×300mm"，"材质"为"混凝土-现场浇注混凝土"，如图 2-7-14 所示。

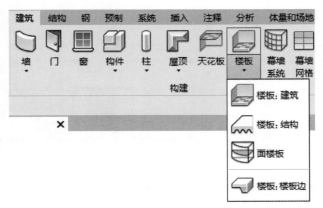

图 2-7-13 使用 【楼板】工具

按图 2-7-15 所示，移动鼠标光标至楼梯间洞口边缘楼板边缘位置，当楼板边缘轮廓高亮显示时，单击拾取此边缘，生成楼板边缘，按 Esc 键两次退出楼板边缘放置状态。在 F1 楼层平面视图中，拖拽楼板边缘的线段左

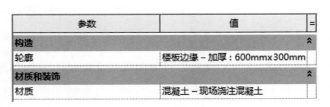

参数	值	=
构造		⌃
轮廓	楼板边缘－加厚：600mmx300mm	
材质和装饰		⌃
材质	混凝土－现场浇注混凝土	

图 2-7-14 楼板边缘类型参数设置

端点至⑥轴线。参照以上操作步骤，分别在 F2~F4 楼层的楼梯间生成楼板边缘。添加各楼层的楼板边缘后，楼梯间楼板边缘三维视图如图 2-7-16 所示。

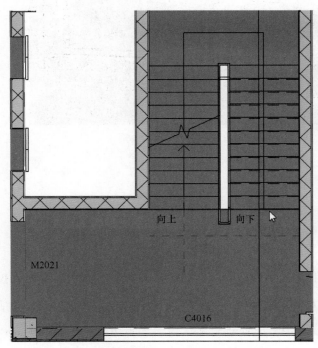

图 2-7-15 楼梯间洞口边缘楼板边缘位置

图 2-7-16 楼板边缘三维视图

2. 布置洗手间

切换至 F1 楼层平面视图，调整视图区域至洗手间。载入"课程资料\项目 7\污水池.rfa"
"课程资料\项目 7\多个挂墙式小便器.rfa""课程资料\项目 7\蹲便器.rfa""课程资料\项目
7\台下式台盆_多个.rfa""课程资料\项目 7\洗手间隔断.rfa"共 5 个族文件。

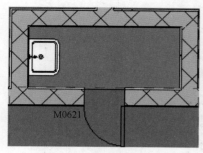

图 2-7-17　放置污水池构件

使用【构件】工具，选择"污水池：标准"构件
类型。在【属性】面板中，调整"标高中的高程"为
"-20.0"，其他参数不变。按图 2-7-17 所示，移动
鼠标光标至盥洗室左内墙边缘，单击鼠标左键放置污
水池构件，污水池与两面墙体等距。

使用【构件】工具，选择"台下式台盆_ 多个：
标准"构件类型。在【属性】面板中，调整"台盆数
量"为"4"。在"类型属性"对话框中，调整"间
距"为"700.0"，其他参数不变。按图 2-7-18 所示，分别在洗手间入口两侧放置台下式台盆
构件。

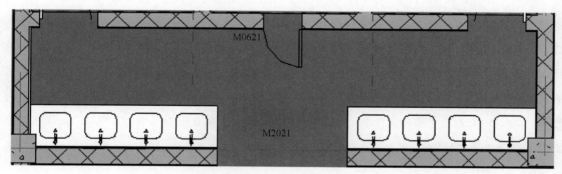

图 2-7-18　放置台下式台盆构件

使用【构件】工具，选择"多个挂墙式小便器：2 个小便器-带屏幕"构件类型。在【属
性】面板中，调整"间距"为"600.0"，调整"小便器数量"为"6"，调整"隔断数量"
为"5"，其他参数不变。按图 2-7-19 所示，在男洗手间右侧内墙放置小便器构件。

使用【构件】工具，选择"培训楼-洗手间隔断：中间或靠墙（150 高地台）"构件类型。
按图 2-7-19 所示，在男洗手间左侧墙、女洗手间左右两侧墙分别放置 3 个隔断构件。然后在男
洗手间左侧、女洗手间右侧前 3 个隔断的相继处放置构件"培训楼-洗手间隔断：尽端（150 高
地台）"构件。最后在女洗手间左侧前 3 个隔断的相继处放置构件"培训楼-洗手间隔断：尽端
靠墙（150 高地台）"构件。对所使用"培训楼-洗手间隔断"的各个类型，皆调整其属性的
"深"为"1100.0"，只选中"内开"，其他参数不变。把以上在 F1 楼层所放置的洗手间构件复
制粘贴至 F2 楼层洗手间对应的位置。

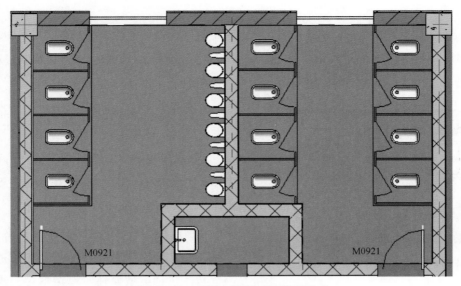

图 2-7-19　放置小便器构件及隔断构件

3. 添加雨棚

载入"课程资料\项目7\旋转百叶组可变拉索工字钢承雨棚.rfa"族文件，如图 2-7-20 所示。切换至 F1 楼层平面视图，调整视图区域至培训楼北面出入口。单击【建筑】选项卡→【构建】面板→【构件】工具的黑色下拉箭头，在下拉列表中选择"放置构件"，如图 2-7-21 所示。选择"旋转百叶组可变拉索工字钢承雨棚"构件类型，复制并重命名为"培训楼-北面出入口雨棚"。在【属性】面板中，设置"标高"为"F2"、"标高中的高程"为"-250.0"、"雨棚长"为"5300.0"、"雨棚宽"为"8100.0"、"钢索长度垂直投影"为"3200.0"，其他参数不变，如图 2-7-22 所示。

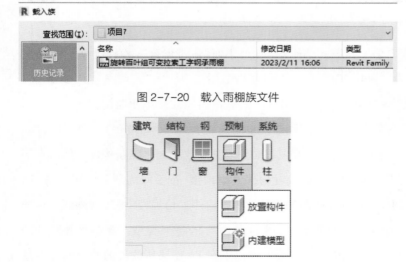

图 2-7-20　载入雨棚族文件

图 2-7-21　放置构件

图 2-7-22　雨棚构件参数设置

移动鼠标光标至培训楼北面出入口外墙，单击鼠标左键放置雨棚构件，按 Space 键可调整雨棚的放置方向，完成后按 Esc 键两次，退出放置构件模式。按图 2-7-23 所示，使用【对齐】工具，把雨棚左右两边缘分别与⑤、⑥轴线对齐，靠出入口的雨棚边缘与外墙面对齐。放置雨棚后的三维视图如图 2-7-24 所示。

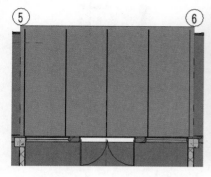

图 2-7-23　北面出入口雨棚

图 2-7-24　北面出入口雨棚三维视图

调整视图区域至培训楼南面出入口。载入"课程资料\项目 7\玻璃雨棚 .rfa"族文件，选择"玻璃雨棚：标准"构件类型。单击【属性】面板中的【编辑类型】按钮，在"类型属性"对话框中，复制新的雨棚类型并命名为"培训楼-南面出入口雨棚"，修改"护顶宽度"为"8100.0"、"护顶悬挑长度"为"3000.0"，如图 2-7-25 所示。在【属性】面板中，调整"标高中的高程"为"-250.0"、"放置高度"为"3600.0"，如图 2-7-26 所示。

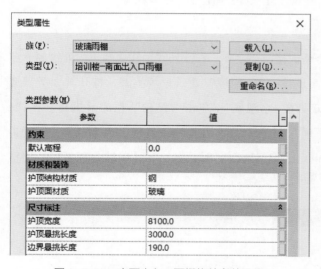

图 2-7-25　南面出入口雨棚构件参数设置

图 2-7-26　雨棚参数调整

按图 2-7-27 所示，移动鼠标光标至培训楼南面出入口外墙，单击鼠标左键放置雨棚构件。使用【对齐】工具，单击幕墙门中心线作为对齐目标，捕捉雨棚中心线并单击鼠标左键，使雨棚中心线与幕墙门中心线对齐。再次放置雨棚构件，对"培训楼-南面出入口雨棚"构件类型进行复制，命名为"培训楼-餐厅出入口雨棚"，修改其"护顶宽度"为"6500.0"、"护顶悬挑长度"为"2000.0"，其他参数保持不变。按图2-7-28所示，在培训楼餐厅室外出入口处，放置雨棚。雨棚两个边缘分别与③、Ⓓ轴线上外墙面对齐。培训楼南面雨棚的三维视图如图2-7-29所示。

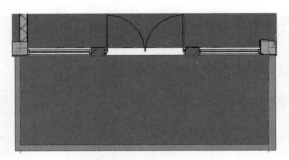

图2-7-27　南面出入口雨棚

图2-7-28　餐厅出入口雨棚

图2-7-29　培训楼南面雨棚三维视图

4. 创建室外水池

切换至场地平面视图，调整视图区域至培训楼南面室外。在⑤、⑥轴线之间正中处绘制参照平面 S_c。使用【建筑地坪】工具，选择"培训楼-建筑地坪"建筑地坪类型，打开其"类型属性"对话框，复制新的建筑地坪类型为"培训楼-水池底"。单击"结构"栏的【编辑】按钮，在"编辑部件"对话框中，修改"结构［1］"材质为"混凝土-现场浇注混凝土"、厚度为"150.0"，如图2-7-30所示。设置完成后退出"类型属性"对话框。在【属性】面板中，调整"自标高的高度偏移"为"-600.0"，如图2-7-31所示。

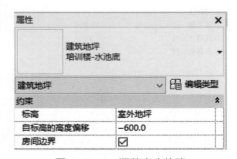

图2-7-30　水池底结构参数设置　　　　　　图2-7-31　调整高度偏移

使用【建筑地坪】工具，进入【修改｜创建建筑地坪边界】状态。选择"边界线"绘制模式、"外接多边形"绘制方式，以参照平面 S_c 与Ⓑ轴线交点为中心点，绘制半径为 3000mm 的正六边形轮廓线。改用"半椭圆"绘制方式，连接正六边形的每个分点，生成 6 个半椭圆轮廓线，每条圆弧的中间点与其对应正六边形边线相距 1000mm。删除正六边形轮廓线。单击【模式】面板中的【完成编辑模式】 ✔ 按钮，完成场地图元的剪切，如图 2-7-32 所示。

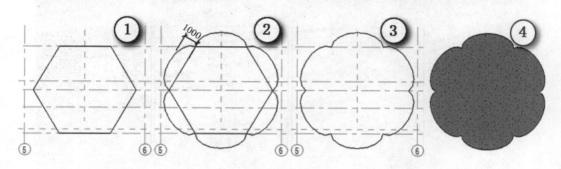

图 2-7-32 场地图元编辑

切换至室外地坪平面视图，使用【墙】工具，选择"拾取线"绘制方式，设置选项栏中的墙"定位线"为"墙中心线"。在【属性】面板中，选择墙类型为"基本墙：培训楼-内墙"，设置"底部约束"为"室外地坪"、"底部偏移"为"-600.0"、"顶部约束"为"未连接"、"无连接高度"为"900.0"，其他参数不变，如图 2-7-33 所示。拾取上一步骤中所创建的"培训楼-水池底"边界线，生成室外水池墙体。

使用【楼板】工具，选择"培训楼-室内楼板"楼板类型，打开"类型属性"对话框，复制新的楼板类型为"培训楼-水池水面"。在"编辑部件"对话框中，修改楼板结构，"结构[1]"厚度为"400.0"；展开材质编辑器，新建材质并命名为"水"，在资源浏览器中搜索"水-透明"，在编辑器中使用"水-透明"替换当前资源，在"水"的"图形：着色"中设置"透明度"为"50"，如图 2-7-34 所示。

在【属性】面板中，设置"标高"为"室外地坪"、"自标高的高度偏移"为"-200.0"。

基本墙
培训楼-内墙

墙 (1)		⊞ 编辑类型

约束

定位线	墙中心线
底部约束	室外地坪
底部偏移	-600.0
已附着底部	☐
底部延伸距离	0.0
顶部约束	未连接
无连接高度	900.0

图 2-7-33 室外水池墙体参数设置

编辑部件 ✕

族：	楼板
类型：	培训楼-水池水面
厚度总计：	400.0 (默认)
阻力(R)：	0.0000 (㎡·K)/W
热质量：	0.00 kJ/K

▼着色
☐ 使用渲染外观
颜色 RGB 108 195 217
透明度 ▇▇▇▇▇▇▇▇▇ 50

层

	功能	材质	厚度	包络	结构材质	可变
1	核心边界	包络上层	0.0			
2	结构 [1]	水	400.0		☑	☐
3	核心边界	包络下层	0.0			

图 2-7-34 水池水面结构参数设置

选择"拾取墙"绘制方式,确认选项栏的"偏移"值为"0.0",不选中"延伸到墙中(至核心层)"选项,拾取室外水池的墙体生成初步楼板边界,再选用"拾取线"绘制方式和【修改】工具,形成封闭楼板边界。完成后单击【模式】面板中的【完成编辑模式】 ✔ 按钮,生成室外水池水面。室外水池三维视图如图2-7-35所示。

图2-7-35　室外水池三维视图

任务三　创建自定义构件

通过创建族,自定义建筑构件。相对系统族,可载入族具有自定义特性,用户可高度灵活地进行创建、复制、修改或删除。通过族编辑器,用户可自行定义任何类型、任何形式的可载入族,并保存在独立的 rfa 格式文件中。

1. 创建室外台阶

打开主视图,单击【族】→【新建】,弹出"新族-选择样板文件"对话框。在对话框中选择"公制轮廓.rft"族样板文件,单击【打开】按钮进入轮廓族编辑模式,如图2-7-36所示。

在编辑模型默认视图,单击【创建】选项卡→【详图】面板→【线】∫ 工具,选择"线"绘制方式。按图2-7-37所示要求,绘制封闭的台阶截面轮廓草图。单击快速访问栏中的【保存】按钮,保存构件为"室外台阶.rfa"族文件。

单击【族编辑器】面板中的【载入到项目】按钮,把"室外台阶.rfa"族文件载入至培训楼项目中。使用构件时,以参照平面的交点位置作为楼板边线的拾取位置。使用"楼板:楼板边"工具,打开楼板边缘"类型属性"对话框,复制出新的楼板边缘类型"培训楼-室外台阶"。设置类型参数中的"轮廓"为上一步骤中载入的"室外台阶"。按图2-7-38所示,拾取培训楼北面出入口处"培训楼-室外楼板-600mm"楼板的上边缘,Revit 2021 将沿着室外楼板生成台阶。重复以上操作步骤，对培训楼南面和餐厅的出入口处"培训楼–室外楼板–600mm"楼板添加室外台阶。

图 2-7-36　选择"公制轮廓.rft"族样板文件

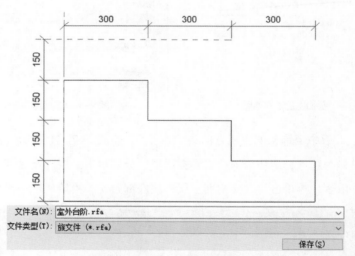

图 2-7-37　台阶截面轮廓草图

图 2-7-38　室外台阶（600mm）三维视图

2. 创建散水

打开主视图，单击【族】→【新建】，以"公制轮廓.rft"族样板文件为族样板，进入轮廓族编辑模式。使用【线】工具，按图2-7-39所示要求，绘制封闭的散水截面轮廓草图，保存为"室外散水.rfa"族文件，并载入至培训楼项目中。

单击【建筑】选项卡→【构建】面板→【墙】工具的黑色下拉箭头，在下拉列表中选择"墙：饰条"。打开墙"类型属性"对话框，复制新的墙饰条类型为"培训楼-室外散水"。选中类型参数中的"被插入对象剪切"选项，即当墙饰条经门、窗洞口时被洞口自动打断。其他参数设置如图2-7-40所示。

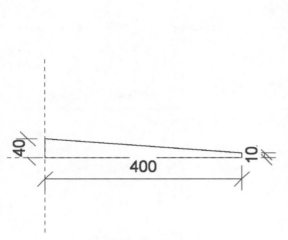

图 2-7-39　散水截面轮廓草图

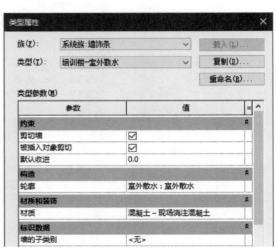

图 2-7-40　散水类型参数设置

设置【放置】面板中墙饰条的生成方向为"水平"。如图2-7-41所示，在三维视图中，以餐厅出入口台阶一侧为起点，围绕培训楼直到叠层墙，分别单击一层外墙底部边缘，沿所拾取墙底部边缘生成室外散水。再单击培训楼南面一层外墙底部边缘，沿墙底部边缘生成室外散水。

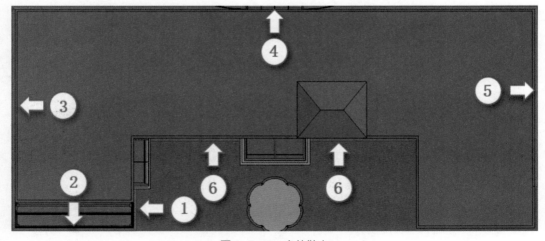

图 2-7-41　室外散水

3. 创建凉亭

打开主视图，单击【族】→【新建】，使用"公制常规模型.rft"族样板文件作为族样板，进入模型族编辑模式。确认打开"楼层平面：参照标高"平面视图。单击【创建】选项卡→【形状】面板→【拉伸】 ⬚工具，选择"矩形"绘制方式。绘制一个边长为 2300mm 的正方形，选择此正方形，使用【移动】✥工具，将其移动并居中在系统模型自带的中心线上，如图 2-7-42 所示。在属性栏修改"拉伸终点"为"450.0"、"拉伸起点"为"0.0"，单击"应用"按钮，单击【完成模型】✔，生成一个长 2300mm、宽 2300mm、高 450mm 的底部平台，如图 2-7-43 所示。

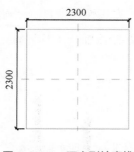

图 2-7-42　正方形轮廓线

图 2-7-43　正方形拉伸模型

打开"立面：前"立面视图，使用【拉伸】工具，选择"线"绘制方式。按图 2-7-44 所示要求，绘制台阶轮廓线。在属性栏修改"拉伸终点"为"500.0"、"拉伸起点"为"-500.0"，单击"应用"按钮，单击【完成模型】✔，平台一侧生成阶级踏板深度 250mm、踢面高度 150mm、宽度 1000mm 的台阶。选择此台阶，使用【镜像-拾取轴】工具，把此台阶复制至底部平台另一侧，如图 2-7-45 所示。

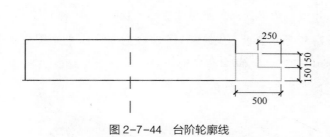

图 2-7-44　台阶轮廓线

图 2-7-45　台阶

打开"立面：右"立面视图，单击【创建】选项卡→【形状】面板→【空心形状-空心拉伸】 ⬚工具，选择"线"绘制方式。按图 2-7-46 所示要求，绘制凹形台阶轮廓线。确认属性栏中的"拉伸终点"为"500.0"、"拉伸起点"为"-500.0"。在平台一侧生成阶级踏板深度 250mm、踢面高度 150mm、宽度 1000mm 的凹形台阶。使用【镜像-拾取轴】工具，把此凹形台阶复制至底部平台的另一侧，如图 2-7-47 所示。

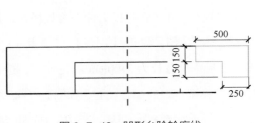

图 2-7-46　凹形台阶轮廓线

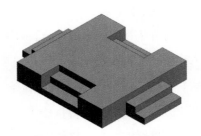

图 2-7-47　凹形台阶

打开"楼层平面：参照标高"视图，单击【创建】选项卡→【基准】面板→【参照平面】
工具，按图 2-7-48 所示要求，绘制参照平面。使用【拉伸】工具，选择"圆形"绘制方式，按
图 2-7-49 所示要求，先绘制一个半径为 100mm 的圆形轮廓线。在属性栏中设置"拉伸终点"
为"2450.0"、"拉伸起点"为"450.0"，生成圆柱。通过【镜像-拾取轴】工具复制，共生成 4
个圆柱，如图 2-7-50 所示。

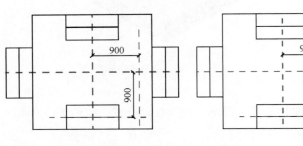

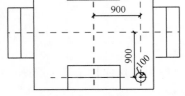

图 2-7-48　参照平面　　　　　　图 2-7-49　圆形轮廓线　　　　　图 2-7-50　圆柱三维视图

切换至"立面：前"立面视图，使用【拉伸】工具，选择"线"绘制方式。按图 2-7-51
所示要求，绘制底宽 2400mm、高 600mm 的三角形轮廓线。在属性栏中设置"拉伸终点"为
"1200.0"、"拉伸起点"为"-1200.0"，生成三角形顶部。使用【空心形状-空心拉伸】工具，
选择"圆心-站点弧"绘制方式，按图 2-7-52 所示要求，先绘制一个半径为 300mm 的半圆轮廓
线，再使用"线"使半圆闭合。在属性栏中设置"拉伸终点"为"300.0"、"拉伸起点"为
"-300.0"。在三角形顶部两侧生成空心半圆，如图 2-7-53 所示。

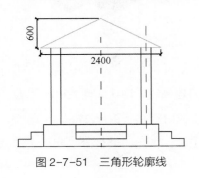

图 2-7-51　三角形轮廓线　　　　图 2-7-52　半圆轮廓线　　　　图 2-7-53　空心半圆三维视图

切换至"立面：右"视图，使用【拉伸】工具，通过"圆心-站点弧"及"线"绘制方式，绘制一个半径为 300mm 的半圆闭合轮廓线，如图 2-7-54 所示。修改"拉伸终点"为"1200.0"、"拉伸起点"为"-1200.0"，确定生成模型。使用【空心形状-空心拉伸】工具，通过"圆心-站点弧"及"线"绘制方式，绘制一个半径为 200mm 的半圆闭合轮廓线，如图 2-7-55 所示。确认"拉伸终点"为"1200.0"、"拉伸起点"为"-1200.0"，在三角形顶部另外两侧生成空心半圆弧。单击【修改】选项卡→【几何图形】面板→【剪切】 ⏣ 工具，分别单击半圆和半圆弧，使两者的空心柱体连通。使用【连接】 ⏣ 工具，分别单击半圆弧和三角顶，使两者合拼连接。空心半圆弧三维视图如图 2-7-56 所示。

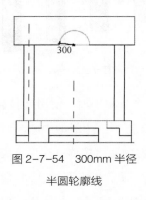

图 2-7-54　300mm 半径

半圆轮廓线

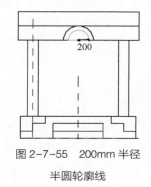

图 2-7-55　200mm 半径

半圆轮廓线

图 2-7-56　空心半圆弧

三维视图

保存构件为"凉亭.rfa"族文件，并载入至培训楼项目中，把凉亭放置在培训楼室外场地，如图 2-7-57 所示。

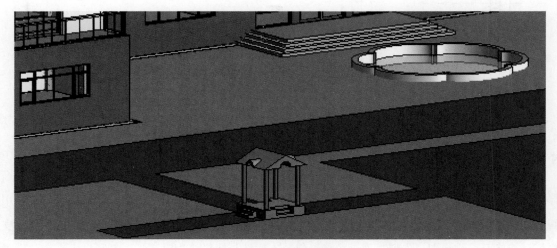

图 2-7-57　凉亭三维视图

4. 创建木栏杆

打开主视图，单击【族】→【新建】，使用"公制常规模型.rft"族样板文件作为族样板，进入模型族编辑模式。打开"立面：前"立面视图。使用【拉伸】工具，选择"矩形"绘制方式。

按图 2-7-58 所示要求，先绘制一个宽 150mm、高 1000mm 的矩形，在属性栏中设置"拉伸终点"为"150.0"、"拉伸起点"为"0.0"，生成矩形柱子。使用【阵列】工具，在设置栏设置"项目数"为"6"，不选中"应用并关联"选项，选中"移动到第二个"选项。每个柱子间距为 1150mm，复制生成 6 个矩形柱子，形成扶手的栏杆，如图 2-7-59 所示。

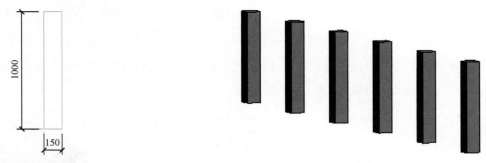

图 2-7-58　矩形轮廓线　　　　　　　　　　图 2-7-59　矩形柱子三维视图

切换至"立面：右"立面视图，按图 2-7-60 所示要求，绘制两个参照平面。使用【拉伸】工具，选择"矩形"绘制方式，绘制一个边长为 100mm 的正方形，正方形上边线的中心与两个参照平面交点重合，如图 2-7-61 所示。切换至三维视图，把此正方形的一面拉伸，连接至最后一个矩形柱子，生成一个长方体，形成顶部扶栏，贯穿连接 6 个矩形柱子。切换至"立面：前"立面视图，使用【复制】工具，复制顶部扶栏，在垂直向下 300mm 处生成第二条扶栏，如图 2-7-62 所示。

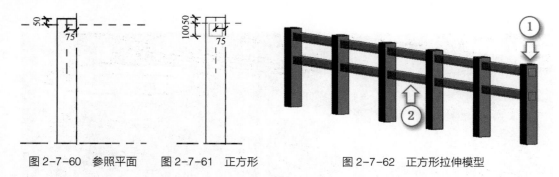

图 2-7-60　参照平面　　　图 2-7-61　正方形　　　图 2-7-62　正方形拉伸模型

在"立面：前"立面视图，绘制两个参照平面，如图 2-7-63 所示。使用【拉伸】工具，选择"起点-终点-半径弧"绘制方式，沿两个参照平面绘制两个半径为 3000mm 的半径弧，使用"线"连接两个半径弧，形成闭合轮廓线，如图 2-7-64 所示。单击【完成模型】 ✔，生成分支栏杆。切换至三维视图，先通过手动拉伸，使分支栏杆与扶栏两边对齐，再复制生成 6 个分支栏杆，如图 2-7-65 所示。

在三维视图中，全选此扶手栏杆，在属性栏中，修改"材质"为"红木"。保存构件为"木栏杆.rfa"族文件，并载入至培训楼项目中，把木栏杆放置在培训楼室外场地，如图 2-7-66 所示。

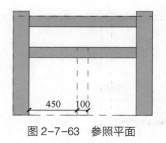

图 2-7-63　参照平面

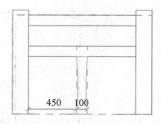

图 2-7-64　闭合半径弧

图 2-7-65　闭合半径弧拉伸模型

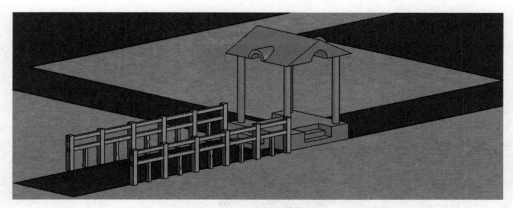

图 2-7-66　木栏杆三维视图

📢 提示

关于"实心拉伸"命令的用法，轮廓将按给定的深度值进行拉伸，不能选择路径。

5. 添加其他构件

切换至室外地坪平面视图，使用【墙】工具，选择"常规-200mm"墙类型，复制并命名为"培训楼-花坛"的墙类型。修改墙"结构［1］"的"厚度"为"120.0"，修改"材质"为"培训楼-内墙粉刷"。

设置选项栏中的"高度"为"未连接"、"高度值"为"400.0"。设置"定位线"为"核心面：外部"、"偏移"值为"0.0"。按图 2-7-67 所示要求，绘制花坛。载入"课程资料＼项目 7＼花草 . rfa"族文件，使用【场地构件】工具，将其放置在花坛中。

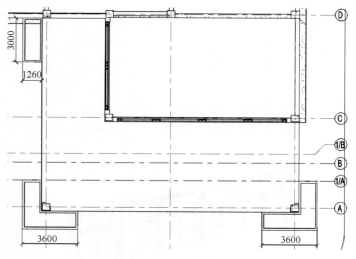

图 2-7-67　绘制花坛

参照以上方法，放置 RPC 人物、植物、篮球场、排球场、车辆等其他场地构件，如图
2-7-68 所示。

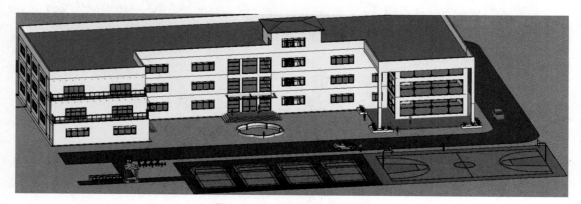

图 2-7-68　场地构件三维视图

🔔 提示

如果在三维视图中对建筑构件的材质进行标记需要先锁定视图。

课 后 拓 展

一、单项选择题

1. 哪种类型的族可以在重复详图中使用？（　　　）

A. 公制常规模型 　　　　　　　　　B. 公制详图构件

C. 公制轮廓 　　　　　　　　　　　D. 基于线的公制常规模型

2. 关于族参数顺序正确的是（　　　）。

A. 新的族参数会按字母顺序升序排列添加到参数列表中创建参数时的选定组

B. 创建或修改族时，可以在"族类型"对话框中控制族参数的顺序

C. 使用"排序顺序"按钮（升序或降序）为当前族的参数按字母顺序进行自动排序

D. 以上均正确

3. 在建立窗族时，已经指定了窗外框的材质参数为"窗框材质"，如果使用"连接几何图形"工具将未设置材质的窗分隔梃与之连接，则窗分隔框模型的材质将（　　　）。

A. 自动使用指定"窗框材质"参数

B. 没有变化

C. 使用"窗框材质"中定义的材质，但在项目中不可修改

D. 不会使用"窗框材质"参数，但可以在项目中修改

4. 下列关于详图构件的描述，错误的选项是（　　　）。

A. "详图构件"命令只能在详图视图或绘图视图中放置详图构件

B. 可以使用详图项目标记来标记详图构件

C. 详图构件是随模型而不是随图纸调整其比例

D. 详图构件在所有视图中可见

5. 如果在三维视图中对建筑构件的材质进行标记需要（　　　）。

A. 先锁定图元 　　　　　　　　　　B. 先锁定视图

C. 先将视图放置到图纸上 　　　　　D. 可直接标记

二、多项选择题

1. 一般添加到 Revit 项目中的图元都是使用族创建的，Revit 中族可分为（　　　）。

A. 内建族 　　　　　　　　　　　　B. 系统族

C. 材料族 　　　　　　　　　　　　D. 可视化编程建模方式

E. 参数化建模引擎

2. 参数化设计是 Revit 的一个重要思想，以下的哪几个部分是它的组成？（　　　）

A. 参数化图元　　　　　　　　　　B. 参数化修改引擎

C. 造型能力　　　　　　　　　　　D. 可视化编程建模方式

E. 老虎窗洞口

3. 下列选项中哪项族样板属于基于主体的样板？（　　　）

A. 基于墙的样板　　　　　　　　　B. 基于天花板的样板

C. 基于屋顶的样板　　　　　　　　D. 基于面的样板

E. 基于线的样板

4. 以下哪个是系统族？（　　　）

A. 楼梯　　　　　　　　　　　　　B. 尺寸标注

C. 墙　　　　　　　　　　　　　　D. 家具

E. 散水

5. 下列选项中，属于 Revit 族的分类有（　　　）。

A. 内建族　　　　　　　　　　　　B. 系统族

C. 可载入族　　　　　　　　　　　D. 体量族

E. 门族

三、实操题

以东莞职业技术学院校园建筑体为 BIM 建模对象，开展建筑 BIM 建模。本次任务要求如下：

1. 各小组参照 CAD 底图创建各建筑体的扶栏、楼梯、坡道等构件。

2. 以小组为单位提交模型文件，命名方式：楼栋号（如：实验楼 8A）。

❓ **思考**

　　场地设计以基地现状条件和相关法规、规范为依据，对建筑外部空间（建筑物、活动广场、道路交通、停车场所、绿化景观、综合管线等）进行合理组织和创新设计。谈谈本项目的场地如何进行创新设计和提高场地的模型创建效率。

项目八　成果输出

◇ 教学目标

通过本项目的学习，完成培训楼 BIM 模型成果输出。为项目创建房间和面积信息，创建和编辑标记、标注、注释、明细表，创建和管理图纸，制作视图渲染和漫游动画。掌握标记、标注、注释、明细表、图纸、视图渲染、漫游动画的创建和编辑方法，以及模型文件管理与数据转换方法。

◇ 学习内容

重点：标记、标注、注释、明细表、图纸、视图渲染、漫游动画的创建和编辑

难点：运用 BIM 相关标准熟练出图

BIM 成果输出主要包括由软件创建的 BIM 单体和整体模型；对模型进行标注、标记；对模型进行渲染设置；对模型进行明细表内容的导出；二维出图（检验三维设计精度的关键环节）；设置模型漫游视频导出；通过数据转换与其他软件进行交互等。BIM 的成果输出在项目方案设计、初步设计、施工图设计、项目施工、运维管理各阶段都可以发挥其不同的作用，能够使项目在实施过程中更准确、更高效，质量更高。

任务一　创建房间和分析面积

1. 创建房间

在项目浏览器中打开 F1 楼层平面视图，如图 2-8-1 所示，单击【建筑】选项卡→【房间和面积】面板→【面积和体积计算】 工具，设置计算规则。选择"仅按面积（更快）"，不计算房间体积；选择"在墙核心层"，按墙核心层边界线计算房间面积，如图 2-8-2 所示。

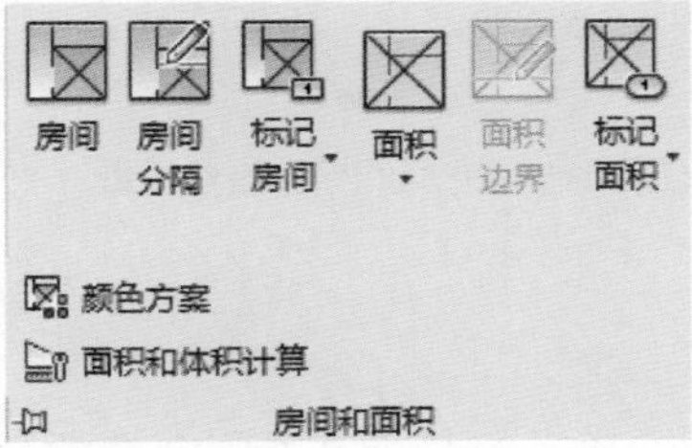

图 2-8-1　使用【面积和体积计算】工具

单击【建筑】选项卡→【房间和面积】面板→【房间】 工具，进入房间放置模式。在【属性】面板中，设置房间标记类型为"标记_房间-有面积-方案-黑体-4~5mm-0-8"，确认激活"在放置时进行标记"选项。设置房间"上限"为标高"F1"，"偏移"值为"3100.0"，即房间高度到达当前

视图标高 F1 之上 3100mm，如图 2-8-3 所示。

移动鼠标光标至培训楼左下角房间内，Revit 2021 以蓝色虚线显示房间边界线。单击鼠标左键生成房间标记，同时显示该房间名称和面积，如图 2-8-4 所示。按 Esc 键两次，退出放置房间模式。

在已创建"房间标记"的房间内移动鼠标光标，当房间高亮显示时单击选择房间，但不要选择房间标记。在【属性】面板中，设置房间"编号"为"101"，设置"名称"为"观馨房（餐厅包厢）"，如图 2-8-5 所示。

图 2-8-2　面积计算设置

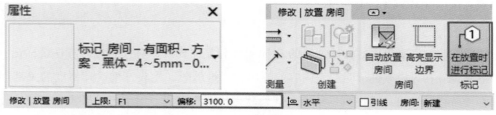

图 2-8-3　使用【房间】工具

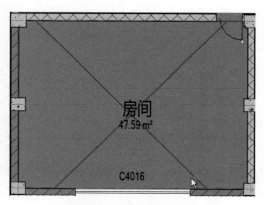

图 2-8-4　生成房间标记

图 2-8-5　房间标记属性设置

💡 提示

可以通过双击房间名称图元修改房间名称。房间标记可以删除，但删除后房间对象仍然保留。若遇到未完全围合的封闭区域，可使用【房间分隔】 🔲 工具手动添加房间边界。

2. 添加房间图例

在项目浏览器中，用鼠标右键单击"F1 楼层平面视图"，在弹出的快捷菜单中选择"复制视图"→"复制"命令，复制新的"F1 楼层平面视图"并重命名为"F1-房间图例"，如图 2-8-6 所示。双击进入该视图，按快捷键"VV"，打开"可见性/图形替换"对话框，选择"注释类别"选项卡，在"过滤器列表"中不选中剖面、详图索引、轴网、参照平面等图元类型，使其不显示在当前视图中。

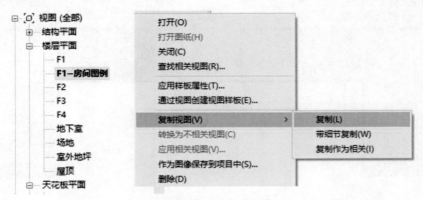

图 2-8-6 复制视图

使用【标记房间】⌖工具，在"F1-房间图例"楼层平面视图中添加房间标记，添加时自动显示上一步骤设置的房间名称。也可以使用【标记所有未标记的对象】⌖工具，一次性对楼层平面视图内全部房间进行标记。

使用【颜色方案】⌖工具，在弹出的"编辑颜色方案"对话框左侧的"方案"中设置"房间：F1"。在"方案定义"中，将"标题"命名为"F1-房间图例"，将"颜色"设置为"名称"，如图 2-8-7 所示。

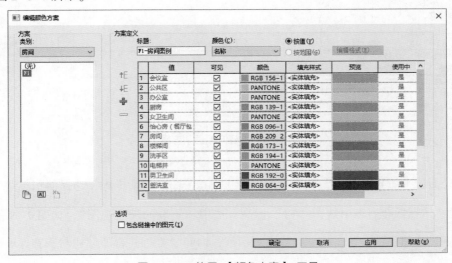

图 2-8-7 使用【颜色方案】工具

在【属性】面板中，设置"颜色方案"为"F1"，颜色按方案设置要求填充各房间，如图2-8-8所示。参照以上步骤，创建其他楼层平面的房间并添加其房间图例。

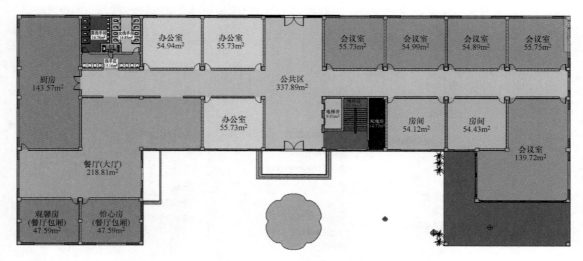

图 2-8-8　楼层房间图例

3. 分析面积

使用【面积和体积计算】工具，打开"面积方案"对话框，单击"新建"按钮建立新面积方案，如图2-8-9所示，设置新方案"名称"为"培训楼基底面积"，"说明"为"根据标准面积测量法所测量的办公楼层面积"，完成后单击"确定"按钮，退出对话框。

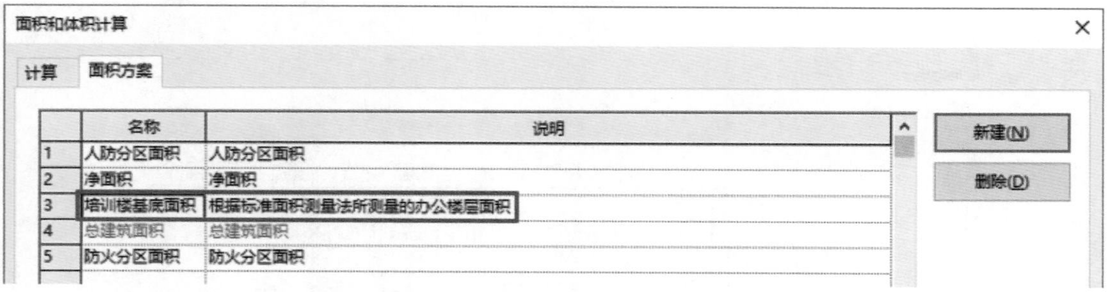

图 2-8-9　建立新面积方案

单击【面积平面】工具，在弹出的"新建面积平面"对话框中，选择面积类型为"培训楼基底面积"，在标高列表中选择"F1"标高，选中"不复制现有视图"，如图2-8-10所示。单击"确定"按钮确认设置，此时会弹出对话框，询问"是否要自动创建与所有外墙关联的面积边界线"，选择"否"，Revit 2021将创建"面积平面（培训楼基底面积）"视图类别并自动

切换至此视图。为了使视图更加简洁，按快捷键
"VV"，打开"可见性/图形替换"对话框，切换
至"注释类别"选项卡，隐藏视图中的剖面符号、
详图索引符号、轴网、参照平面等不必要的对象
类别。

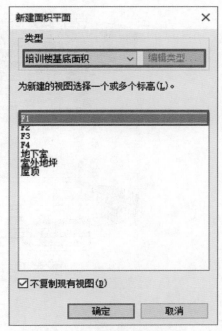

使用【面积边界】⊠工具，确认绘制方式为
"拾取线"，不选中"应用面积规则"选项，设置
"偏移"值为"0.0"，沿 F1 面积平面视图中培训
楼外墙外轮廓拾取，生成闭合的面积边界线。使用
【面积】⊠工具，在【属性】面板中，选择"标记
_面积"类型，将"名称"修改为"基底面积"，
将"面积类型"修改为"楼层面积"。单击上一步
生成的闭合面积边界线内部，在对应的边界线区域
内生成面积，如图 2-8-11 所示。

图 2-8-10　新建面积平面

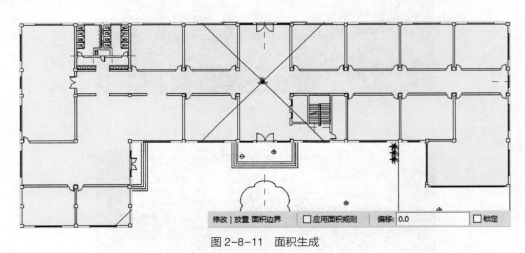

图 2-8-11　面积生成

任务二　设计表现

1. 使用不同视觉样式

单击视图控制栏的"视觉样式"⬠按钮，弹出视觉样式选择列
表，如图 2-8-12 所示。在不同视觉样式下，培训楼模型会有不同的
显示效果，如图 2-8-13 至图 2-8-17 所示。

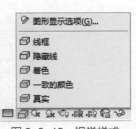

图 2-8-12　视觉样式

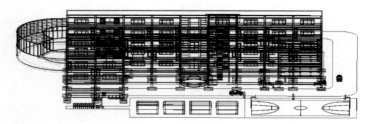

图 2-8-13　线框样式

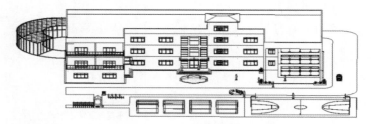

图 2-8-14　隐藏线样式

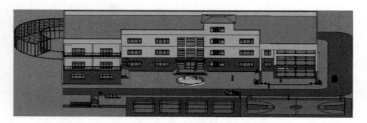

图 2-8-15　着色样式

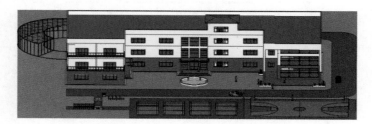

图 2-8-16　一致的颜色样式

图 2-8-17　真实样式

　　线框样式显示所有的边线，但不会显示模型表面的图像。隐藏线样式显示除了被表面遮挡部分以外的所有边线。着色样式显示图元设定的表面颜色，并能够体现光源及其阴影的效果。一致的颜色样式显示所有表面都按照表面材质颜色设置进行着色的图像。真实样式显示为图形设置的材质外观，并体现出光源对其的影响。

2. 添加贴花

　　在培训楼餐厅室外入口处创建餐厅标志。单击【插入】选项卡→【链接】面板→【贴花】🔳工具下拉列表→【贴花类型】🖼工具，在弹出的"贴花类型"对话框中，单击"新建贴花"🗋图标。在弹出的"新贴花"对话框中，输入名称"餐厅标志"，完成后单击"确定"按钮，退出对话框。单击"Source"，载入"课程资料 \ 项目 8 \ 餐厅标志.jpg"族文件，如图 2-8-18 所示，不修改其他参数。完成后单击"确定"按钮，退出对话框。

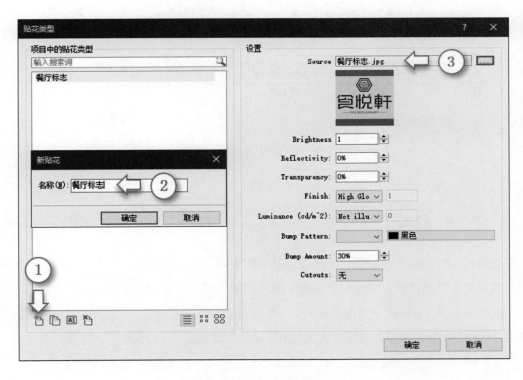

图 2-8-18　新建贴花

　　切换至三维视图，使用【放置贴花】🔳工具，确认当前贴花类型为"餐厅标志"。移动鼠标光标至餐厅入口处墙体适当位置，放置此贴花。按 Esc 键两次，退出贴花放置模式。使用"真实"视觉样式，贴花的放置效果如图 2-8-19 所示。

图 2-8-19　贴花三维视图

3. 制作渲染

打开 F1 楼层平面视图，单击【视图】选项卡→【创建】面板→【三维视图】⊕工具下拉列表→【相机】⊡工具，在选项栏中，选中"透视图"选项，设置"偏移"值为"1750.0"、自"F1"标高，即相机的高度为 F1 标高以上 1750mm 处，如图 2-8-20 所示。

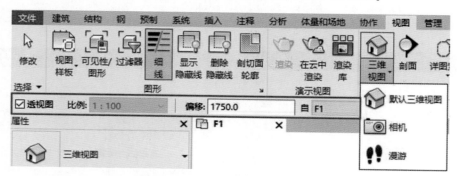

图 2-8-20　使用【相机】工具

🔔 **提示**

如果不选中"透视图"选项，视图为轴测图，不能反映出物体各表面的实形。

移动相机光标，在图 2-8-21 所示位置单击鼠标左键，放置相机视点，向右上方移动鼠标光标至"目标对象"的位置，单击鼠标左键生成三维透视图"三维视图 1"，如图 2-8-22 所示。相机视点所生成的三角形区域为可视范围，三角形底边为最远端视距。通过拖拽三角形底边的中间圆点，可以调整远端视距；通过拖拽三角形区域的中间圆点，可以调整可视范围（角度）。

🔔 **提示**

相机为创建指定位置三维视图的方式。视点位置、目标高度、远端视距、可视范围等可以在【属性】面板或相机路径中设置或修改。

创建相机后，通过设置渲染器，进行渲染创建。打开上一步由相机创建的三维透视图"三维视图 1"，单击【视图】选项卡→【演示视图】面板→【渲染】◻工具，在弹出的"渲染"对话框中，"质量"设置为"中"、"照明"方案为"室外：日光和人造光"、"背景"样式为"天空：少云"，其他参数不变，如图2-8-23所示。单击"渲染"按钮进行渲染，"三维视图1"的渲染效果如图2-8-24所示。分别单击"保存到项目中"和"导出"按钮，把渲染图片保存到项目中并导出到文件，渲染图片以"jpg"格式命名为"培训楼室外渲染.jpg"。

参照以上步骤，放置不同的相机视点，制作不同的渲染视图。当制作室内渲染时，照明方案需要设置室内照明方式。

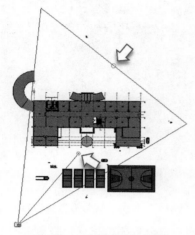

图 2-8-21　放置相机视点

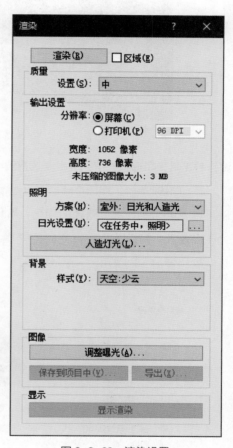

图 2-8-23　渲染设置

图 2-8-22　生成三维透视图

🔔 **提示**

在某层平面视图创建天花板，但是在此平面视图中看不见天花板，这是因为天花板只有在渲染后才看得见。

4. 制作漫游动画

在 F1 楼层平面视图，单击【视图】选项卡→【创建】面板→【三维视图】⬡工具下拉列表→【漫

图 2-8-24　培训楼室外渲染图

游】👣工具，在选项栏中，选中"透视图"选项，设置"偏移"值为"1750.0"、自"F1"标高。

移动相机光标，如图 2-8-25 所示漫游路径，依次单击放置相机视点，路径中的关键帧以红色圆点表示。随着漫游路径的变化，可以调整每个相机视点的基准标高和偏移值，形成自上而下的环视效果。漫游路径编辑完成后按 Esc 键退出，在项目浏览器中将自动建立"漫游"视图类别并生成"漫游 1"视图。

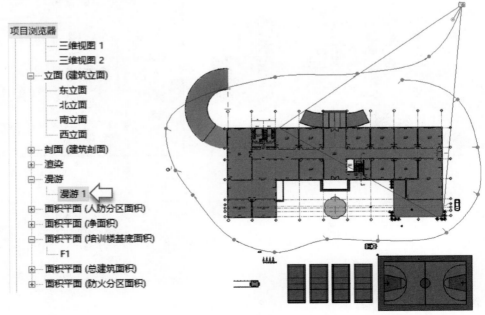

图 2-8-25　漫游路径

在 F1 楼层平面视图中选择上一步创建的漫游路径。若漫游路径没有在视图中显示，可在项目浏览器的漫游视图名称"漫游 1"上单击鼠标右键，在弹出的菜单中选择"显示相机"，将重新显示路径。单击【修改｜相机】选项卡→【漫游】面板→【编辑漫游】👣工具，按住并拖动相机图标，可以使用相机在路径上移动至各个图像帧，并能通过【修改｜相机】控制栏中的"活动相机""路径""添加关键帧""删除关键帧"4 种控制方式，对漫游路径进行编辑，如图 2-8-26 所示。

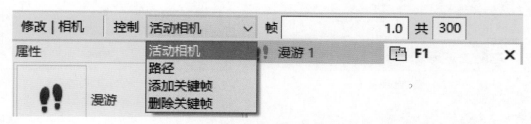

图 2-8-26　使用【编辑漫游】工具

当控制方式为"路径"时，路径中的关键图像帧以蓝色圆点表示。在平面视图中，通过拖动蓝色圆点，调整平面中的漫游路径。切换到立面视图，按住并拖动对应的关键图像帧夹点，调整目标视点的高度，如图 2-8-27 所示。

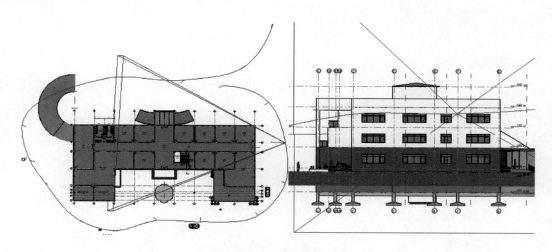

图 2-8-27　调整漫游路径

在【属性】面板中，打开"漫游帧"对话框，通过修改"总帧数"和"帧/秒"的值，以及勾选"匀速"选项，以设定漫游动画的播放速度和时间，如图 2-8-28 所示。在漫游视图中，选择漫游视图边框，单击【漫游】面板→【编辑漫游】工具→"播放"按钮，回放漫游动画。单击【文件】选项卡→【导出】工具→【图像和动画】列表→【漫游】选项，按需设置导出的视频规格，如图 2-8-29 所示。设置完成后，在指定路径以"avi"格式保存视频文件。

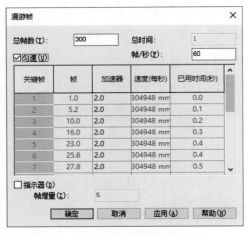

图 2-8-28　漫游帧设置

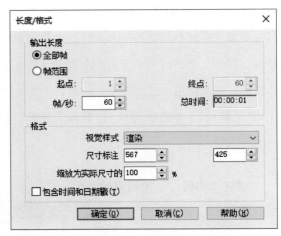

图 2-8-29　漫游视频规格设置

> 📢 **提示**
>
> 　漫游可以在平面图、三维视图、立面图和剖面图中创建。默认三维视图是正交图。相机中的【重置目标】只能使用在透视图里。在创建漫游的过程中无法修改已经创建的相机。

任务三　创建图纸

1. 应用注释

打开 F1 楼层平面视图，确认视图比例为"1：100"。单击【注释】选项卡→【尺寸标注】面板→【对齐】 工具，选择尺寸标注类型为"对角线-3mm RomanD"，单击【属性】面板中的【编辑类型】按钮，在"类型属性"对话框中设置尺寸标注的各项参数，如"线宽""记号线宽""颜色""文字大小""文字字体"等。在选项栏中，设置捕捉墙位置为"参照墙面"、尺寸标注拾取方式为"单个参照点"，如图 2-8-30 所示。

图 2-8-30　使用【尺寸标注】工具

在⑦轴线与⑩轴线之间，依次单击拾取轴线，生成尺寸标注预览，将其移动到视图适当空白处生成尺寸标注线，如图 2-8-31 所示。

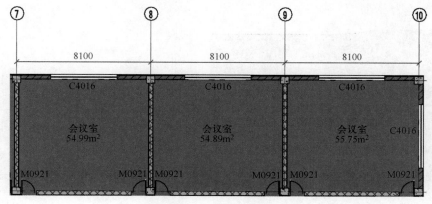

图 2-8-31　尺寸标注线

移动视图至培训楼北入口处。单击【注释】选项卡→【尺寸标注】面板→【半径】 工具，拾取左侧坡道外侧边缘，单击生成该弧线半径标注，如图 2-8-32 所示。完成后再次选择弧线半径标注线，按住标注线并左右拖动来调整箭头指向。按住并拖动标注线长度控制夹点，修改标注线长度。

使用【参照平面】工具，单击拾取坡道弧形边界（最外侧）起点，沿坡道弧形边界切线方向（显示"切点"预览提示）绘制适当长度的参照平面，如图 2-8-33 所示。使用尺寸标注的【对齐】工具，单击拾取上一步绘制的参照平面，然后单击坡道另一侧弧形边界（最外侧），显示两边界线之间尺寸标注预览，将其移动至视图空白位置，单击生成尺寸标注，如图 2-8-34 所示。

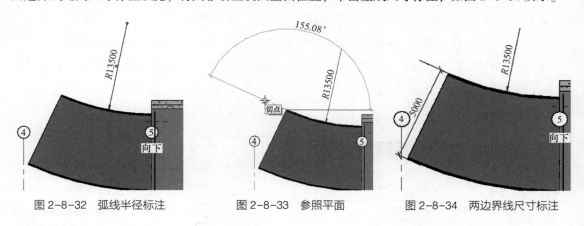

图 2-8-32　弧线半径标注　　　图 2-8-33　参照平面　　　图 2-8-34　两边界线尺寸标注

【高程点】和【高程点坡度】工具在项目四中已有介绍和使用，如图 2-8-35 所示，在地下停车库出入口处放置高程点和坡度，沿坡度下降方向绘制方向箭头。在不便于提取高程值或进行坡度建模的情况下，可以添加坡度符号进行注释。切换至 F4 楼层平面视图，单击【注释】选项卡→【详图】面板→【详图线】 工具，以"线"为绘制方式、"细线"为线样式，按图 2-8-36 所示绘制详图线作为屋面坡度线。单击【注释】选项卡→【符号】面板→【符号】 工具，选择符号类型为"符号排水箭头：排水箭头"，在靠近详图线的空白处放置坡度符号，单击坡度符号，修改其坡度为"1%"。

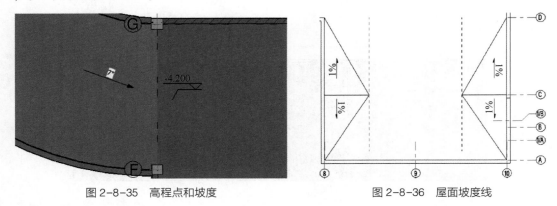

图 2-8-35　高程点和坡度　　　　　　图 2-8-36　屋面坡度线

若添加门、窗时没有生成门、窗标记，可以通过【注释】选项卡→【详图】面板的【按类别标记】①工具和【全部标记】①工具为项目重新添加门、窗标记。图例视图可以用于显示项目中使用的各种建筑构件和注释的列表。参照以上方法，进一步完成项目图中所需要的尺寸标注、高程点、坡度、文字、符号等注释信息。

2. 创建明细表

使用明细表视图可以统计项目中各类图元信息，如门、窗的宽度、高度、数量、材质等。Revit 2021 提供了 6 种明细表视图，包括"明细表/数量""图形柱明细表""材质提取""图纸列表""注释块""视图列表"。单击【视图】选项卡→【创建】面板→【明细表】下拉列表→【明细表/数量】工具，弹出"新建明细表"对话框。在"过滤器列表"中，选择"建筑"。在"类别"中，选择"窗"，将其名称修改为"培训楼-窗明细表"，如图 2-8-37 所示。

单击"确定"按钮，进入"明细表属性"对话框，在"字段"选项卡添加窗明细表所需要的字段："类型标记""宽度""高度""底高度""合计"，如图 2-8-38 所示。调整明细表字段的顺序，其从上至下的排序即为明细表中从左到右的顺序。

图 2-8-37　新建明细表

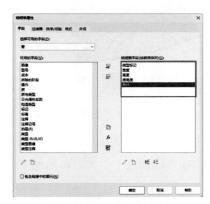

图 2-8-38　添加字段

切换至"排列/成组"选项卡，设置"排序方式"为"类型标记"，选中"升序"选项，不选中"逐项列举每个实例"选项，如图 2-8-39 所示。单击"确定"按钮，生成窗明细表，如图 2-8-40 所示。在项目浏览器的"明细表/数量（全部）"项目中，新生成"培训楼-窗明细表"分项，如图 2-8-41 所示。

> 📢 提示
>
> 　　若要把门与窗报表制作为同一张表，只要统计出门、窗个数，再使用多类别明细表即可完成。若要统计出项目中不同对象使用的材料数量，并且将其统计在一张统计表中，可以使用材质提取功能，设置多类别材质统计。

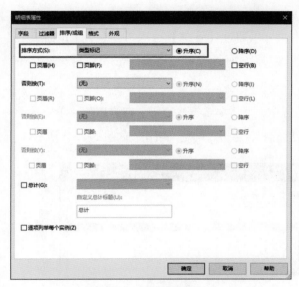

图 2-8-39　设置排序方式

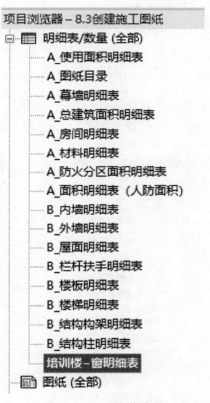

图 2-8-41　明细表分项

<培训楼-窗明细表>				
A	B	C	D	E
类型标记	宽度	高度	底高度	合计
C1516	1500	1600	900	6
C1816	1800	1600	900	9
C4016	4000	1600	900	56

图 2-8-40　窗明细表

　　把窗的宽度和高度合并为洞口尺寸，先单击选择"宽度"，然后按住 Shift 键不放，再单击选择"高度"，单击【修改明细表/数量】选项卡→【成组】▥工具，合并"宽度"和"高度"，在合并栏填写"洞口尺寸"，如图 2-8-42 所示。参照以上方法，创建门明细表，如图 2-8-43 所示。

> ⚠ 注意
>
> 　　导出明细表时，不能将字段分隔符指定为句号。总体积、总表面积、总楼层面积属于不可录入明细表的体量实例参数。

<培训楼-窗明细表>

A	B	C	D	E
	洞口尺寸			
类型标记	宽度	高度	底高度	合计
C1516	1500	1600	900	6
C1816	1800	1600	900	9
C4016	4000	1600	900	56

图2-8-42　合并"宽度"和"高度"

<培训楼-门明细表>

A	B	C	D
类型标记	宽度	高度	合计
M0621	600	2100	2
M0921	900	2100	61
M1021	1000	2100	1
M1821	1800	2100	3
M2021	2000	2100	6
M3021	3000	2100	1
M3621	3600	2100	4
M3628	2510	2400	2
M4021	4000	2100	1

图2-8-43　门明细表

3. 布图与打印

项目的相关信息一般显示在图纸的标题栏中，可以通过【管理】选项卡→【设置】面板→【项目信息】工具设置，如把"项目发布日期"设置为"2023年6月1日"，"项目名称"为"培训楼"，"项目地址"为"中国广东省东莞市"。

在项目浏览器中找到"图纸（全部）"，单击选中，然后单击鼠标右键，在弹出的菜单中选择"新建图纸"。在"新建图纸"对话框中，选择"A2公制"，单击"确定"按钮，如图2-8-44所示。

图2-8-44　"新建图纸"对话框

项目浏览器中找到"楼层平面"，单击选中"地下室"并拖动至绘图区域，再次单击鼠标左键使地下室楼层平面图放置在A2公制图纸中。调整地下室楼层平面图的视图比例为"1∶200"，并把平面图的位置调整至图纸中央。在图纸中的视图为"视口"，通过属性栏调整"视口"的类型为"无标题"。在项目浏览器中重命名此图纸为"地下室平面图"，如图2-8-45所示。若需要将明细表添加到图纸中，可在图纸视图下，从项目浏览器里将明细表拖拽到图纸中，然后单击放置。同一明细表可以添加到同一项目的多个图纸中。

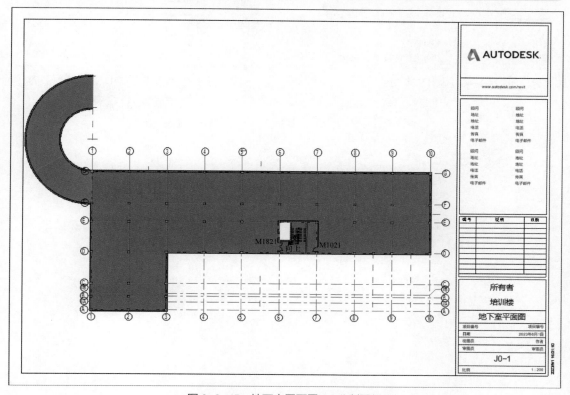

图 2-8-45　地下室平面图 A2 公制图纸

图纸建立并完成布置后，可以进行图纸打印，可以通过打印机打印，也可以打印输出为 PDF 文件，或导出为 CAD 文件。通过单击【文件】选项卡→【打印】列表→【打印】🖨工具，在名称栏选择打印 PDF 文件，如图 2-8-46 所示。通过单击【文件】选项卡→【导出】列表→【CAD 格式】工具，导出 CAD 文件，如图 2-8-47 所示。在导出文件的列表中，IFC 文件格式属于开放标准格式，用于 BIM 工具软件之间进行 BIM 数据交换。

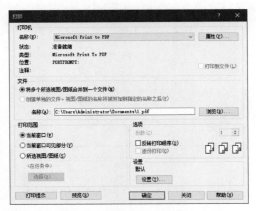

图 2-8-46 输出 PDF 文件

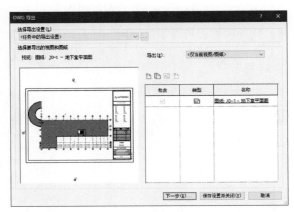

图 2-8-47 输出 CAD 文件

课 后 拓 展

一、单项选择题

1. 如果需要将图中各尺寸标注界线长度修改为一致，最简单的办法是（   ）。

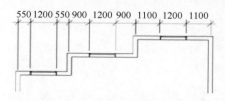

A. 修改尺寸标注的类型属性中的"尺寸界线控制点"为"图元间隙"

B. 修改尺寸标注的类型属性中的"尺寸界线控制点"为"固定尺寸标注线"

C. 修改尺寸标注的实例型属性中的"尺寸界线控制点"为"固定尺寸标注线"

D. 使用对齐工具

2. 如图所示，标注时需要对同一对象进行两种单位标注，如何进行操作？（   ）

A. 建立两种标注类型，两次标注　　　　　　　B. 添加备用标注

C. 无法实现该功能　　　　　　　　　　　　　D. 使用文字替换

3. 如何统计出项目中不同对象使用的材料数量，并且将其统计在一张统计表中？（   ）

A. 使用材质提取功能，分别统计，导出到 Excel 中进行汇总

B. 使用材质提取功能，设置多类别材质统计

C. 使用明细表功能，将材质设置为关键字

D. 使用材质提取功能，设置材质所在族类别

4. Revit 明细表中的数值具有的格式选项为（   ）。

A. 可以将货币指定给数值　　　　　　　　　　B. 较大的数字可以包含逗号作为分隔符

C. 可以消除零和空格　　　　　　　　　　　　D. 以上说法都对

5. 当前在 BIM 工具软件之间进行 BIM 数据交换可使用的标准数据格式是（   ）。

A. GDL　　　　　　　　　　　　　　　　　　B. IFC

C. LBIM　　　　　　　　　　　　　　　　　　D. GJJ

二、多项选择题

1. 将 Revit 项目导出为 CAD 格式文件，下列描述正确的选项是（ ）。

A. 在导出之前限制模型几何图形，可以减少要导出的模型几何图形的数量

B. 完全处于剖面框以外的图元不会包含在导出文件中

C. 对于三维视图，不会导出裁剪区域边界

D. 对于三维视图，裁剪区域边界外的图元将不会被导出

2. 图纸上的图例可帮助建筑专业人员正确了解图形。在施工图文档集中，包含下列的哪些图例？（ ）

A. 构件图例

B. 房间图例

C. 注释记号图例

D. 符号图例

3. 下列关于 Revit 永久性尺寸标注设置的描述，正确的选项是（ ）。

A. 默认情况下根据项目单位设置为尺寸标注样式指定特定的单位和精度

B. 可以为创建的每个自定义尺寸标注类型定义单独的单位和精度设置

C. 可以为创建的每个自定义尺寸标注类型定义单独的颜色设置

D. 不可以为每个自定义尺寸标注类型设置单独的单位和精度

4. 详图构件可以放置在哪种视图中？（ ）

A. 楼层平面视图

B. 立面视图

C. 详图索引视图

D. 三维视图

5. 下列哪些视图可以添加详图索引？（ ）

A. 楼层平面视图

B. 剖面视图

C. 详图视图

D. 三维视图

三、实操题

以东莞职业技术学院校园建筑体 BIM 模型为对象，进行图纸创建、模型渲染、漫游视频的制作。本次任务要求如下：

1. 设置项目信息：项目发布日期、项目名称、项目地址。

2. 创建门、窗明细表，包含：类型标记、宽度、高度、底高度、合计字段，并计算总数；创建各楼层 A3 公制平面图纸，视图比例调整为 1：100。

3. 对三维模型进行渲染，图片以 "XX 渲染.JPG" 保存，如 "8A 渲染.JPG"。

4. 应用 Lumion 制作漫游视频。

> 🔍 思考
>
> 通过 BIM 的成果输出，让项目在实施过程中更准确、更高效，质量更高。谈谈在项目中团队各成员在各项成果输出任务中如何进行合作。

模块三

拓展应用

体量建模

体量是一个空间体积的概念。在建筑方案设计阶段，为了能快捷地描绘设计意图，可使用体量建模方式。此建模方式能满足方案构思阶段的建模需要，以多变的建模和编辑手段，快速达到复杂形体的模型要求，能够更有效地把概念化方案转化为可实施方案。下面以培训楼项目的温室模型为例，认识体量建模的创建方法以及在项目文件中的应用。

（一）创建体量

打开 Revit 2021，单击【模型】→【新建】。在"新建项目"对话框中，选择"样板文件"为"建筑样板"，选择"新建"类型为"项目"，单击【确定】按钮。进入任意立面设置标高，如进入东立面，把"标高 1"修改为"F1"，"标高 2"修改为"F2"，再把 F2 的高度改为 5400mm。

打开 F1 楼层平面视图，单击【体量和场地】选项卡→【概念体量】面板→【内建体量】工具，在弹出的"名称"对话框中，命名为"温室"，单击【确定】按钮，退出对话框。选择"模型线-线"绘制方式，在绘图区域绘制一条 15000mm 的直线。切换"起点-终点-半径弧"绘制方式，以 15000mm 直线的两个端点作为起点和终点绘制半径为 7500mm 的半径弧，如图 3-1-1 所示。切换至三维视图，选择已绘制的模型线，在【形状】面板，单击【创建形状】下拉列表中的【实心形状】工具，半径弧模型线转变为半径弧体量。再切换至东立面，单击体量上表面，拖动蓝色箭头使它与 F2 对齐，如图 3-1-2 所示。半径弧体量三维模型效果如图 3-1-3 所示。

在东立面利用空心形状在已绘制的体量上除去不需要的部分，形成一个顶端半径为 5000mm、底端半径为 7500mm 的体量。选择"模型线-线"绘制方式，在弹出的"工作平面"对话框中，选择"拾取一个平面"选项，单击【确定】按钮。选择东立面，显示图形。以左上角端点为起点沿

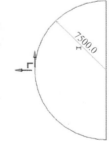

图 3-1-1　半径弧

水平方向从左到右绘制一条 2500mm 的直线，然后向左下角端点绘制一条直线，再沿垂直方向从下到上绘制至左上角端点，形成一个三角形。再到体量中心绘制一条直线，如图 3-1-4 所示。

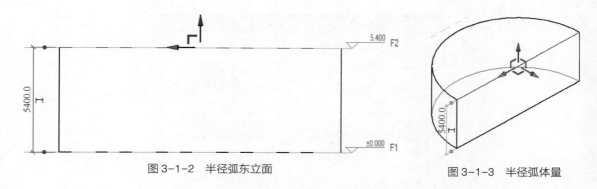

图 3-1-2　半径弧东立面　　　　　　　图 3-1-3　半径弧体量

然后，选择已绘制的两个模型线，单击【创建形状】下拉列表中的【空心形状】⌂工具，单击"完成体量"，切换三维视图查看模型，如图 3-1-5 所示。

图 3-1-4　空心形状除去不需要的部分　　　图 3-1-5　体量三维视图

(二) 创建幕墙系统

单击【体量与场地】选项卡→【面模型】面板→【幕墙系统】▦工具，单击【属性】面板中的【编辑类型】按钮，复制创建新的幕墙系统类型为"1000mm×600mm"。按图 3-1-6 所示，修改对应的类型参数，把"网格 1"的"间距"改为"1000.0"，"网格 2"的间距改为"600.0"。"网格 1""网格 2"的竖梃均调整为"圆形竖梃：50mm 半径"。在属性栏把"网格 1-对正"修改为"中心"，"网格 2"不修改，因为它已经是对正起点。在体量模型中选择需要创建幕墙的两个面，单击"创建系统"，完成幕墙系统创建。

(三) 创建女儿墙

温室体量幕墙系统创建后，其三维效果如图 3-1-7 所示。打开 F2 楼层平面视图，使用【墙：建筑】工具。选择"基本墙：常规-300mm"墙类型，设置"定位线"为"面层面：外部"。绘制时起点对齐竖梃中心，绘制到另一端竖梃中心。然后，绘制半径弧墙，切换至"起

图 3-1-6　幕墙系统参数设置

点-终点-半径弧"绘制方式，同样对齐竖梃中心，从竖梃一端绘制至另一端。此时绘制完的墙体偏外，选中墙体，按下 Space 键，调整偏移位置。切换至三维视图，选中墙体，调整墙的"底部偏移"为"-600.0"，修改"顶部约束"为"直到标高：F2"，完成女儿墙的创建，如图 3-1-8 所示。

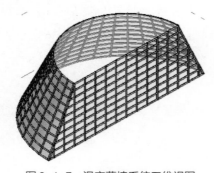

图 3-1-7　温室幕墙系统三维视图

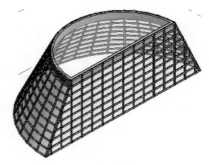

图 3-1-8　创建温室体量女儿墙

（四）创建楼板

在三维视图中，在体量模型左上方空白处单击并按住鼠标左键不放，向视图右下角拖动鼠标光标，到视图右下方的空白处时松开鼠标，选择整个体量模型，通过【过滤器】，选择"体量"类别，单击属性栏中的体量楼层【编辑】按钮。在弹出的"体量楼层"对话框中，选择"F1"，如图 3-1-9 所示。单击【体量与场地】选项卡→【面模型】面板→【楼板】⬚工具，选择"楼板：常规-300mm"的楼板类型，选中体量中的楼板，单击"创建楼板"，完成 F1 楼板的创建，如图 3-1-10 所示。

图 3-1-9　体量楼层编辑

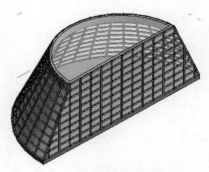

图 3-1-10　创建温室体量楼板

切换至 F2 楼层平面视图，在 F2 楼层平面绘制一个中心参照平面，如图 3-1-11 所示。通过【剖面】工具，沿着中心参照平面线创建"剖面 1"，如图 3-1-12 所示。

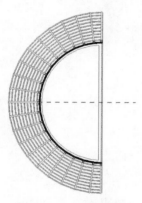

图 3-1-11　参照平面

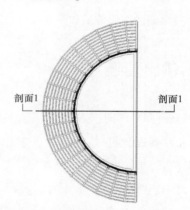

图 3-1-12　创建"剖面 1"

为了创建出有斜边效果的楼板，采用内建模型创建。单击【建筑】选项卡→【构建】面板→【构件：内建模型】⬚工具，在"族类别和族参数"对话框中选择"楼板"，确定名称为"楼板 1"，如图 3-1-13 所示。使用【创建】选项卡→【形状】面板→【旋转】⬚工具，通过【工作平面】→【设置】拾取一个平面，选择"拾取一个平面"选项，选择以上步骤所创建的中心参照平面，在弹出的"转到视图"对话框中，选择"剖面：剖面 1"，进入剖面 1 视图。确认绘制方式为"边界线-线"，以对齐女儿墙底端及左边的竖梃为起点，从左到右绘制到最右端女儿墙的表面，然后向下绘制 300mm，再向左绘制，最后沿着左边的竖梃绘制斜边，利用【修剪/延伸为角】工具使斜边线和底边线连接，如图 3-1-14 所示。

图 3-1-13　内建模型创建楼板

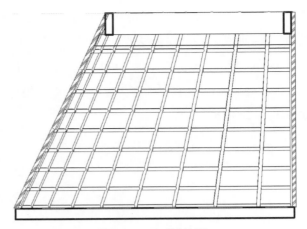

图 3-1-14　绘制斜边

切换为"轴线-拾取线"的绘制方式，拾取右边垂直坚梃的中心，单击【完成编辑模式】✔按钮。切换至三维视图，可看到一个圆形的楼板，选择此楼板，在属性栏把起始角度设置为"-90.00°"，结束角度设置为"90.00°"，完成楼板的创建。单击【完成模型】✔，完成体量幕墙的创建。体量幕墙的三维效果如图 3-1-15 所示。

(五) 输出图纸

图 3-1-15　体量幕墙三维视图

对各楼层平面图、立面图、剖面图进行尺寸标注。单击【文件】选项卡→【导出】列表→【图像和动画-图像】🖼工具，在弹出的"导出图像"对话框中，可以修改输出名称并保存到相应的文件夹，"导出范围"设置为"所选的视图/图纸"，选择需要导出的视图名称：如"三维视图：{3D}""剖面：剖面 1""楼层平面：F2""立面：东""立面：西""立面：南""立面：北"等；"图像尺寸"一般为 8000～10000 像素，"格式"中的"着色视图"和"非着色视图"都设置为"JPEG（无失真）"，其他参数不变，如图 3-1-16 所示。完成上述操作后，单击【确定】按钮可导出相应的图纸，如图 3-1-17 所示的北立面图。

(六) 链接模型

把温室体量模型链接到培训楼模型中，实现以链接模型的方式进行各专业协同。打开培训楼模型，单击【插入】选项卡→【链接】面板→【管理链接】📑工具，在"管理链接"对话框中添加链接温室体量模型文件"体量.rvt"，并将"定位"选项选择为"自动-内部原点到内部原点"，如图 3-1-18 所示。

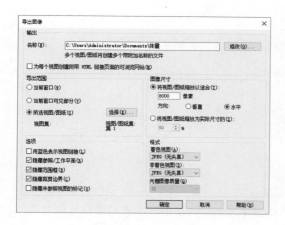

图 3-1-16 "导出图像"设置

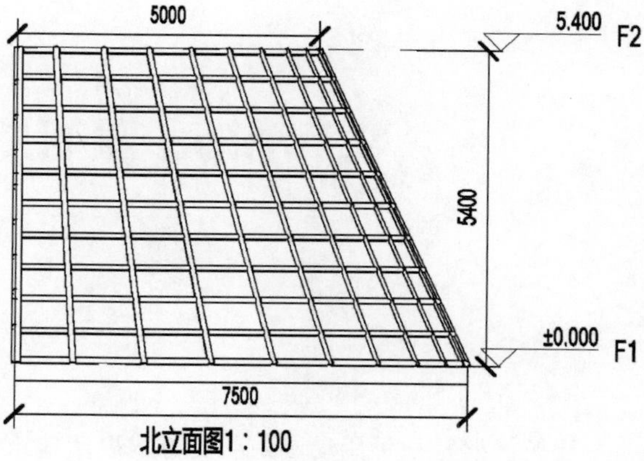

图 3-1-17 北立面图图纸

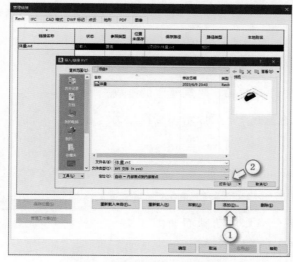

图 3-1-18 链接温室体量模型文件

完成添加模型文件后，温室体量模型就链接到了当前的培训楼项目里，适当调整温室在室外的位置，其在三维视图中的效果如图 3-1-19 所示。

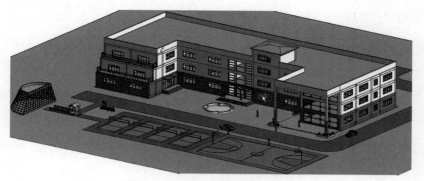

图 3-1-19 温室体量模型三维视图

二、Lumion 漫游制作

建筑漫游是一种用动画或交互方式展示建筑设计的方法，能够让用户或客户更好地理解和体验建筑空间和功能。在模块二的模型创建中，已经通过 Revit 2021 平台的漫游制作输出建筑漫游动画，然而其平台功能相对来说比较有限，不够灵活，动画不够精致。Lumion 是一个建筑 3D 渲染软件，它以虚拟现实技术展示建筑设计，其灵活的操作性可以制作出细节丰富的高质量漫游动画或交互漫游，可以利用不同的景别和角度来展现建筑的全貌和细节，能够实现实时观察场景效果。Lumion 的资源库完整齐全，工具简单易用。将 3D 建模模型导入，进行材质、光照、摄像机等设置，可以快速制作图像和视频。建筑模型的准确性和精致度是漫游动画的基础，下面以培训楼模型为例，认识通过 Lumion 制作漫游动画的过程。

通过双击桌面 Lumion 11.0 快捷图标 或单击【Windows 开始菜单】→【所有程序】→【Lumion】→【Lumion 11.0】启动软件平台，其启动画面如图 3-2-1 所示。

图 3-2-1　Lumion 11.0 启动画面

（一）创建场景

单击【创建新的】选项，进入创建新项目界面，如图 3-2-2 所示。根据项目的类型和规模，可以选择平原、山脉、白板、沙滩、沙漠、郊区、森林等基础场景。为便于本项目培训楼建筑的演示，选择平原场景。

进入场景状态画面后，右侧是系统指令，左侧是主要工具栏，其控制四个主要部分：太阳与天空、地形与水域、模型本身及材质、添加配景，如图 3-2-3 所示。在操作方式上，按住鼠标右键移动即可四处观察，松开则可进行编辑。通过键盘进行基本操作，W、A、S、D 键进行前、左、后、右移动，Q、E 键是上、下移动，Shift 键是加速移动。

图 3-2-2　创建新项目界面

图 3-2-3　场景状态画面

（二）导入模型

在导入要渲染的模型之前，切换至 Revit 2021 软件界面。在培训楼项目的三维视图状态下，单击【文件】选项卡→【导出】列表→【FBX】 工具，将三维模型另存为 FBX 文件，命名为"培训楼"，文件类型为 FBX。再切换至 Lumion 11.0 软件界面，单击工具栏【导入】 工具，选择由上一步导出生成的"培训楼.fbx"文件，导入培训楼模型，把模型放置在平地上，如图3-2-4所示。

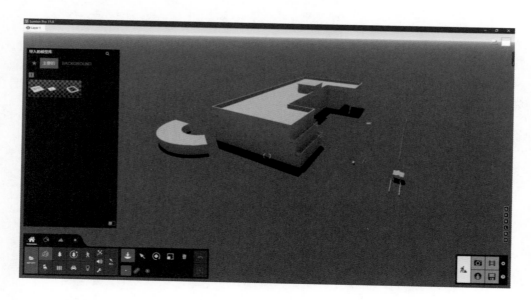

图3-2-4　导入培训楼模型

由于导入的模型与其初始放置的平地存在高度差，模型与地面部分重合，看不到原模型的室外地坪。通过【调整高度】⬍工具，将模型适当垂直向上移动，直到能显示室外地坪，确保模型与地面不重面，如图3-2-5所示。如果导入的模型有问题，则可以单击右侧的【删除】🗑工具，利用建模软件重新修改模型后再重新导入即可。

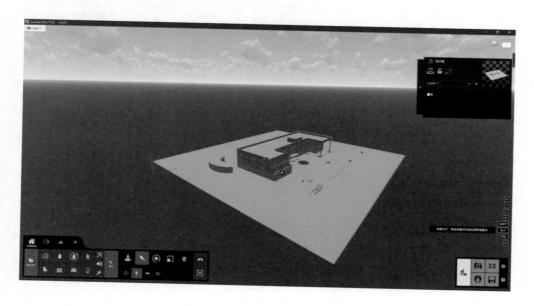

图3-2-5　在平地放置模型

（三）编辑材质

确定好基本位移和比例之后，接下来进入调节材质阶段。导入 Lumion 的培训楼模型只有尺寸规格，没有显示任何材质。这是因为 FBX 格式模型文件中不包含在原软件平台建模过程中对模型定义的材质，所以在 Lumion 中需要重新定义和编辑材质。移动鼠标光标至屏幕左下角的工具栏，如图 3-2-6 所示，单击【材质】 按钮，进入材质编辑器模式。

图 3-2-6　材质编辑器

在材质编辑器中，有室内、室外以及自定义材质的选择项，其基本属性有着色、光泽、反射率、视差、缩放等。直接单击选择项下面的某一个材质球，便可为模型赋予所需材质。单击选择模型中的"培训楼-F2~F4-外墙"，选择材质库里的【室外】选项卡，找到合适的材质后，单击画面右下角的 按钮，完成设置，如图 3-2-7 所示。

图 3-2-7　选择材质

使用以上相同方法完成培训楼模型其他构件的材质设置，如外墙、内墙、幕墙、门、窗、地板、天花板、楼梯、地坪等，如图 3-2-8 所示。另外，还可以通过 Lumion 的素材库，添加配景、树丛、人物、灯光等。通过选择或调整各种材质、光源、阴影、反射等效果，使得模型更加真实和美观。

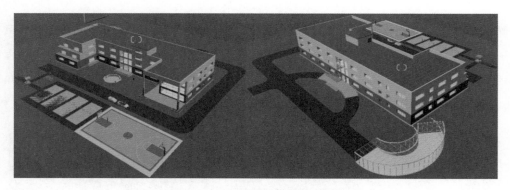

图3-2-8　培训楼模型材质配置效果

（四）制作漫游

在场景状态画面，单击右下角的【动画模式】■按钮，进入动画模式。选择任意空片段，在展开的菜单中单击【录制】■按钮，如图3-2-9所示。进入录制界面后，通过调整起始场景、调视平线高度、焦距等，将视角调整到合适的位置，移动第一人称视角，在移动的过程中通过单击【添加相机关键帧】■按钮，进行场景抓拍，按一条完整的路径录制漫游动画，如图3-2-10所示。在进行场景抓拍的过程中，同时完成了摄像机的路径、速度、角度等设置，控制漫游的视角和动作。

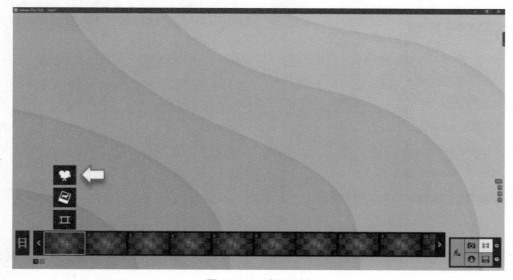

图3-2-9　动画录制

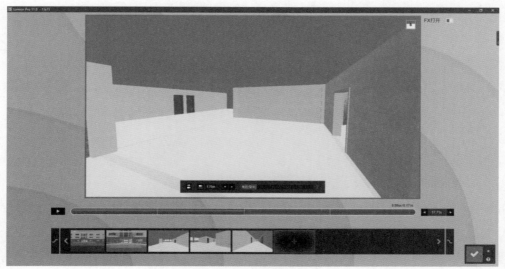

图 3-2-10　录制漫游动画路径

　　第一人称视角每移动一段距离即可生成一段漫游动画片段，并有对应的时间长度，从而可获得漫游动画的总时长。在设置录制的路径中，通常覆盖建筑模型主要元素，如出入口、楼梯、房间、全景等。录制完成后，单击画面右下角的■按钮，返回编辑界面。在生成的漫游动画片段中单击【渲染片段】■按钮，创建视频和图片，视频和图片文件的品质可根据电脑配置进行设置，以免渲染时间过长，如图 3-2-11 所示。完成上述操作后，选择合适的路径保存视频文件。另外，也可以通过【渲染片段】工具，制作渲染图片。

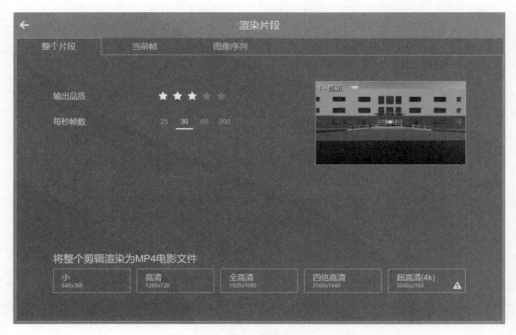

图 3-2-11　使用【渲染片段】工具

三、 Navisworks 施工模拟

BIM 在设计与建造过程中，能够创建和使用建筑项目可计算的信息。Navisworks 软件平台在管理、整合、模拟这些信息上起着非常重要的作用。它能将不同设计平台创建的设计数据进行整合，把各应用领域模型集成为单一项目模型，还原设计意图，制定准确的四维施工进度表，提前实现施工项目的可视化，从而可以优化设计决策、建筑实施、建造预测和规划、设施管理和运营等所有环节。建筑施工模拟是指将 Autodesk Revit 软件中建设好的 BIM 模型在 Autodesk Navisworks 中实现建造过程的模拟。通过将三维信息模型数据与项目进度相关联，以四维可视化效果展示设计示意图、施工计划和项目进展状况，实现实时审阅。下面以培训楼模型为例，认识通过 Navisworks 制作施工模拟动画的过程。

通过双击桌面 Navisworks Manage 2021 快捷图标 N 或单击【Windows 开始菜单】→【所有程序】→【Autodesk Navisworks Manage 2021】→【Navisworks Manage 2021】启动软件平台，其启动画面如图 3-3-1 所示。

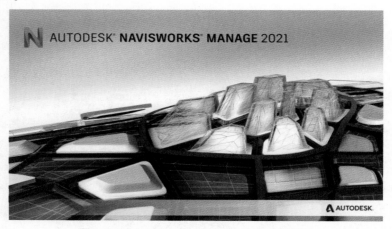

图 3-3-1 Navisworks Manage 2021 启动画面

⚠ 注意

虚拟建造与施工模拟容易混淆，它们的相同之处是先试后建。虚拟建造包括建设施工的全部环节，如施工模拟、虚拟拼装、施工现场临建布置等。

（一）导入模型

在导入要渲染的模型之前，切换至 Revit 2021 软件界面。在打开培训楼项目状态下，单击
【文件】选项卡→【导出】列表→【NWC】 ![icon] 工具，将三维模型另存为 NWC 文件，命名为"培
训楼"，文件类型为 NWC。再切换至 Navisworks Manage 2021 软件界面，单击【常用】选项卡→
【项目】面板→【附加】 ![icon] 工具，选择由上一步导出生成的"培训楼 .nwc"文件，导入培训楼
模型，如图 3-3-2 所示。若没有显示图 3-3-2 中左侧的"选择树"窗口，可以通过单击【常
用】选项卡→【选择和搜索】面板→【选择树】 ![icon] 工具打开。"选择树"显示相应的导入对象。
单击【保存】工具，将其保存为"培训楼 .nwf"文件，生成 NWF 文件类型的文件集。在 Navis-
works Manage 2021 中，用户可以导入不同的模型，并整合到一个场景中进行协同工作和视觉化。

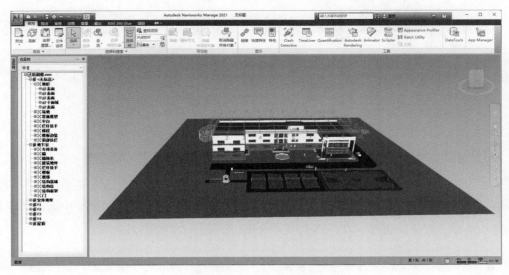

图 3-3-2　导入培训楼模型

（二）制作施工模拟动画

建筑项目中常见设计变更、工期延误等问题，部分项目费用因设计缺陷、材料浪费等问题而
产生。通过 Navisworks 在 BIM 中的应用，对工程施工进行模拟，从而增强对设计内容的理解、减
少施工中的碰撞、提高项目质量、减少设计变更、有效控制成本。

"TimeLiner"用于实现将每个集关联起来进行施工模拟。单击【常用】选项卡→【工具】面
板→【TimeLiner】 ![icon] 工具，弹出"TimeLiner"的配置界面。通过手动方式创建任务计划，在"任
务"状态页，单击【添加任务】按钮，出现新任务状态栏，如图 3-3-3 所示。

图 3-3-3　使用【TimeLiner】工具

单击【常用】选项卡→【选择和搜索】面板→【集合】 集合 工具，弹出"集合"窗口。在"选择树"窗口中，培训楼所有模型构件已分类显示。把培训楼模型构件按照施工顺序分类放置到"集合"窗口，如选择地下室、F1 楼层的结构基础并将其拖至"集合"窗口里，会生成两个"选择集"，分别将其重命名为"基础 1""基础 2"。单击【项目工具】选项卡→【可见性】面板→【隐藏未选定对象】 工具，只显示在"选择集"所选中的结构基础，如图 3-3-4 所示。

图 3-3-4　在"选择集"选择结构基础

在"TimeLiner"窗口的"任务"状态页中，单击"新任务"名称，输入名称"基础"，然后输入计划开始时间和计划结束时间，实际开始时间和实际结束时间可根据实际情况输入，设置"任务类型"为"构造"。将模型与任务相挂接，在"选择集"中选择"基础 1"和"基础 2"作为相应的建筑对象，在"附着的"空栏目中单击鼠标右键，在弹出的选择栏中选择"附着当前选择"，初步设置如图 3-3-5 所示。

	已激活	名称	状态	计划开始	计划结束	实际开始	实际结束	任务类型	附着的
	✓	基础		2023/7/13	2023/7/20	2023/7/13	2023/7/20	构造	集合->多个

图 3-3-5　在"TimeLiner"新建任务

参照以上方法，按施工顺序在"TimeLiner"窗口建立多项任务，根据项目时间设置施工进度表，计划时间可以在甘特视图直接调整滑条进行设置。根据计划的开始和结束时间，显示为不同的状态。任务建立完成后的状态如图 3-3-6 所示。当插入新任务时，可以与制作的视点动画相挂接，注意其开始与结束的时间要与项目一致。

在"TimeLiner"窗口打开"模拟"状态页，如有需要可单击【设置】工具进行模拟设置，包括开始/结束时间、时间间隔、动画链接、文本属性定义等参数设置。完成设置后单击【播放】▷ 按钮，施工模拟将按计划的开始和结束时间进行动画展示。同时，可以转动三维视图，从不同角度观察施工全过程，如图 3-3-7 所示。

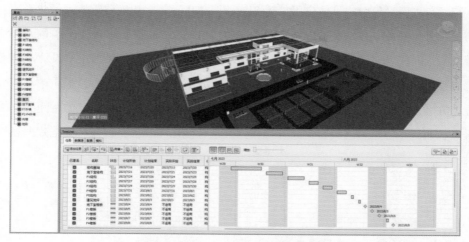

图 3-3-6　在"TimeLiner"新建多项任务

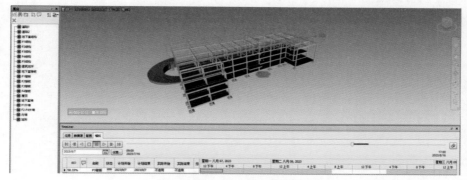

图 3-3-7　施工模拟动画展示

最后，导出模拟过程为动画文件。单击【导出动画】工具，在弹出的"导出动画"窗口中设置相关参数，包括源、渲染、输出格式、尺寸、每秒帧数等。具体参数值可根据项目需求和电脑配置进行设置，如图 3-3-8 所示。单击"确定"按钮，生成动画文件。

图 3-3-8　导出动画文件

BIM 技术在进度管理中的具体应用包括 BIM 施工进度模拟、BIM 建筑施工优化系统、BIM 施工安全与冲突分析系统、移动终端现场管理。通过模拟施工，详细记录各个工作单元的计划起止时间、计划持续时间、实际起止时间、实际持续时间和消耗费用等信息。这对设计、施工和运营等环节都有很好的辅助作用，有助于在保证项目工期的前提下提高项目的施工质量并且减少项目成本。施工方案模拟优化对项目管理方而言，可直观了解整个施工安装环节的时间节点、安装工序及疑难点，而施工方也可进一步对原有安装方案进行优化和改善，以提高施工效率和施工方案的安全性。

> 🔔 **提示**
>
> 　　以上例子以手动方式创建任务进行施工模拟，Navisworks 可以按照相关规则批量创建方式自动添加任务。任务计划也可以通过导入数据形成计划开始与结束，在"数据源"状态页的导入外部数据文件实现。

课 后 拓 展

一、单项选择题

1. （　　）实现建设项目施工阶段工程进度、人力、材料、设备、成本和场地布置的动态集成管理及施工过程的可视化模拟。

A. 3D 模型

B. 4D 施工信息模型

C. 虚拟施工

D. 5D 信息模型

2. 通过动画或虚拟现实技术展示施工方案，这是 BIM 模型在哪个工作阶段的应用点？（　　）

A. 设计管理

B. 投标签约管理

C. 施工管理

D. 运营管理

3. 能够在实际建造之前对工程项目的功能及可建造性等潜在问题进行预测，提前反映施工难点，避免返工，这属于 BIM 在施工管理阶段的（　　）。

A. 虚拟施工

B. 建立 4D 施工信息模型

C. 碰撞检测

D. 三维动画渲染与漫游

4. BIM 模型在运营管理阶段的应用点是（　　）。

A. BIM 模型的提交

B. 三维动画渲染与漫游

C. 项目基础数据全过程服务

D. 网络协同工作

5. 常用的 BIM 4D 模型施工进度检查流程包括（　　）。

①整合后的模型；②分阶段进行施工进度检查；③根据总体进度计划模拟施工；④判断与计划是否相符。

A. ②③④①

B. ③②①④

C. ①③②④

D. ③②④①

二、多项选择题

1. 基于 BIM 技术，通过 4D 施工进度模拟施工进度，能够完成的内容包括（　　）。

A. 对工程重点和难点的部位进行分析

B. 依据模型，确定方案、排定计划、划分流水段

C. 使项目参与者能更好地理解项目范围，提供形象的工作操作说明或技术交底

D. 将周和月结合在一起

E. 做到对现场的施工进度进行每日管理

2. 施工进度管理在项目整体控制中起着至关重要的作用，主要体现在（　　）。

A. 进度决定着总财务成本　　　　　　B. 交付合同约束

C. 运营效率与竞争力问题　　　　　　D. 科学安排施工工期

E. 保证安全生产

3. 通常利用 Autodesk Navisworks 等专用浏览工具完成模型的沟通，BIM 专用沟通工具具有的特点包括（　　）。

A. 操作复杂　　　　　　　　　　　　B. 跨平台展示

C. 方便讨论　　　　　　　　　　　　D. 提升展示效果

E. 轻量化浏览

4. 对于项目管理方而言，BIM 施工仿真可有助于了解整个施工过程中的（　　）。

A. 时间节点　　　　　　　　　　　　B. 成本估算

C. 安装工序　　　　　　　　　　　　D. 安装难点

E. 方案比较

5. 基于 BIM 技术，通过 4D 施工模拟，可以使（　　）等各项工作安排更加经济合理，从而加强对施工进度、施工质量的控制。

A. 设备材料进场　　　　　　　　　　B. 劳动力配置

C. 成本消耗　　　　　　　　　　　　D. 机械排班

E. 安全布置

三、实操题

以东莞职业技术学院校园建筑体 BIM 模型为对象，使用 Navisworks 制作施工模拟视频。

附录1 "1+X"建筑信息模型(BIM)职业技能等级证书考评体系

1. BIM 职业技能初级：BIM 建模

考评内容			权重
理论知识	职业道德、基础知识		20%
专业技能	工程图纸识读与绘制		80%
	BIM 建模软件及建模环境		
	BIM 建模方法	建筑建模	
		设备建模	
		结构建模	
	BIM 属性定义与编辑		
	BIM 成果输出		

2. BIM 职业技能中级：BIM 专业应用

考评内容			权重
理论知识	职业道德、基础知识		20%
专业技能	专业 BIM 模型构建		80%
	专业协调		
	BIM 数据及文档的导入导出		
	BIM 专业应用	城乡规划与建筑设计	
		结构工程	
		建设设备	
		建设工程管理	
		道路桥梁	

3. BIM 职业技能高级：BIM 综合应用与管理

考评内容		权重
理论知识	职业道德、基础知识	40%
	综合 BIM 应用的基本思想与方法	
	BIM 标准	
	BIM 策划	
	业主方 BIM 协同管理工作	

续表

考评内容			权重
理论知识	BIM 模型质量管理与控制		40%
	BIM 模型多专业综合应用		
	BIM 协同应用管理		
	BIM 与设施管理		
	BIM 扩展综合应用		
专业技能	项目或工作报告	40%	60%
	现场答辩	20%	

4. 考评时间

各级别考评时间均为 180min。

附录2 建筑信息模型(BIM)相关标准

1.《建筑信息模型应用统一标准》（GB/T 51212—2016）

2.《建筑信息模型分类和编码标准》（GB/T 51269—2017）

3.《建筑信息模型施工应用标准》（GB/T 51235—2017）

4.《建筑信息模型设计交付标准》（GB/T 51301—2018）

5.《建筑工程设计信息模型制图标准》（JGJ/T 448—2018）

6.《"1+X"建筑信息模型（BIM）职业技能等级证书考评大纲》——廊坊市中科建筑产业化创新研究中心

7.《全国 BIM 应用技能考评大纲》——中国建设教育协会

参考文献

[1] 吴佩玲，董锦坤，杨晓林. BIM 技术在国内外发展现状综述 [J]. 辽宁工业大学学报（自然科学版），2023，43（01）：37-41.

[2] 刘波，刘薇. BIM 在国内建筑业领域的应用现状与障碍研究 [J]. 建筑经济，2015，36（09）：20-23.

[3] 包胜，杨淏钦，欧阳笛帆. 基于城市信息模型的新型智慧城市管理平台 [J]. 城市发展研究，2018，25（11）：50-57，72.

[4] 徐俊，贾虎，裴云燕等. 国内外 BIM 技术研究现状及发展前景 [J]. 中国多媒体与网络教学学报（上旬刊），2019（05）：7-8.

[5] 武鹏飞，刘玉身，谭毅，等. GIS 与 BIM 融合的研究进展与发展趋势 [J]. 测绘与空间地理信息，2019，42（01）：1-6.

[6] 闫文娟，王水璋. 无人机倾斜摄影航测技术与 BIM 结合在智慧工地系统中的应用 [J]. 电子测量与仪器学报，2019，33（10）：59-65.

[7] 吕志华. 基于建筑信息模型+（BIM+）技术的风景园林规划设计数字化研究 [J]. 风景园林，2020，27（08）：109-113.

[8] 陈瑜. "1+X" 建筑信息模型（BIM）职业技能等级证书-学生手册（初级）[M]. 北京：高等教育出版社，2019.

[9] 姜曦，王君峰. BIM 导论 [M]. 北京：清华大学出版社，2017.

[10] 廊坊市中科建筑产业化创新研究中心. 建筑信息模型（BIM）概论 [M]. 北京：高等教育出版社，2020.

[11] 廊坊市中科建筑产业化创新研究中心. "1+X" 建筑信息模型（BIM）职业技能等级考试初级真题解析 [M]. 北京：高等教育出版社，2022.

[12] 天工在线. 中文版 Autodesk Revit Architecture 2022 从入门到精通（实战案例版）[M]. 北京：中国水利水电出版社，2022.